海軍兵学校長の言葉

激動の時代に
信念を貫いた

真殿知彦

三和書籍

はじめに

海軍兵学校は、明治二年九月に築地にできた海軍操練所を起源として、太平洋戦争終戦後の昭和二〇年一〇月二〇日の閉校までの七六年間に、二万五千人を超える海軍士官を送り出しました。

その間、三八人の海軍兵学校長がその任に当たっています。

私は、平成二八年三月から翌年八月まで海上自衛隊の初等教育機関である幹部候補生学校（江田島《えたじま》）、また、令和二年一二月から令和四年一二月まで海上自衛隊の高等教育機関である幹部学校（目黒《めぐろ》）という二つの学校の学校長を務めました。

その中で、いつも考えていたことがあります。

「近代国家建設において、独立の礎となる軍隊の建設を急ピッチで進めていた明治から昭和の激動の時代に、海軍力の基盤となる人材の育成を担っていた歴代の海軍兵学校長は何を考え、何を語り、そして何をやろうとしたのか」

そのような問題意識を持って海軍兵学校長に関する歴史史料や書物等を調べ、海軍兵学校長史としてまとめたのがこの本です。三八人の海軍兵学校長には、我々がよく知っている鈴木貫太郎《すずきかんたろう》や島村速雄《しまむらはやお》、永野修身《ながのおさみ》、井上成美《いのうえしげよし》、栗田健男《くりたたけお》等がいます。

これらの人物の海戦での話や海軍省、軍令部時代の話は広く知られていますが、海軍兵学校でどのような校長だったのかについては、あまり知られていません。また、歴代校長に名を連ねる中牟田倉之助《なかむたくらのすけ》や松村淳蔵《まつむらじゅんぞう》、仁礼景範《にれかげのり》、新見政一《にいみまさいち》、草鹿任一《くさかじんいち》といった人たちは、海軍史に詳しい人以外にはほとんど知名度はありません。

本書では、これらの人たちの海軍兵学校長時代にスポットライトを当てています。そこには校長としての将来へのビジョンと強い信念がありました。

そして本書では海軍兵学校長ではないものの、海軍教育を語る上で外すことのでき

江田島の海軍兵学校の全景（1936 年ごろ）

ない人物である山本権兵衛《やまもとごんべえ》や秋山真之《あきやまさねゆき》、坂本俊篤《さかもととしあつ》、山屋他人《やまやたにん》、山梨勝之進《やまなしかつのしん》、高木惣吉《たかぎそうきち》といった人たちにも注目しました。その中でも「日本海軍の父」と呼ばれた山本権兵衛の海軍兵学寮生徒時代を調べてみると、それは意外を超えて衝撃的なものがありました。

新しい学校の開校、リストラ、校内暴力、外国人教師の招聘《しょうへい》、地方移転、ゆとり教育、英語教育、オリンピックの延期・中止問題、戦争そして閉校。このような言葉を並べてみると、激動の時代と言われた頃に海軍兵学校で起こっていたことは、まるで現代に重ね焼きされるようにも感じます。

また、戦後の海上自衛隊創設期に幹部学校の教壇に立った、山梨勝之進元海軍大将と高木惣吉元海軍少将の

出典：第 1 術科学校ホームページ
（https://www.mod.go.jp/msdf/onemss/info/syashinkan.html）

逸話にも触れています。

本書は、歴代の海軍兵学校長を主人公にした歴史の話ですが、校長というリーダーが激動の時代に何を考え、どう立ち向かったのかというそのリーダーとしての人物像に焦点を当てています。ロシアによるウクライナ侵攻等、国際情勢が混沌とする今こそ、先人が目指したものや語った言葉が、今を生きる私たちのよすがとなるものでしょう。

そのような観点で、本書が学校の校長先生等、教育機関で指導的な立場にある方々はもちろんのこと、企業等の組織でリーダーの地位にある方々、また将来指導者を目指す方々にも、何らかの示唆を与えるものであることを期待しています。

2023年盛夏

真殿知彦

※本稿は筆者の研究成果に基づく個人的見解をまとめたものであり、所属する機関の見解とは一切関係ありません。

目次

第一章　黎明期

～荒れた学校から紳士の教育機関へ

●生みの苦しみ「海軍兵学寮」

広島県の江田島。

瀬戸内海に浮かぶ人口二万強のこの島は、牡蠣《かき》の養殖や柑橘《かんきつ》・オリーブ生産等が盛んで、夏にはサイクリングを楽しむ若者が多数来島する風光明媚《めいび》な島です。近年では中高生の体験型修学旅行や民泊、観光ホテル、グランピングの開業、地ビール生産等、観光としてのポテンシャルの高い「ワクワクできる島」として注目され始めています。

この江田島にある海上自衛隊幹部候補生学校、ここは日本海軍の海軍兵学校があった場所で、赤レンガの旧生徒館や大講堂、教育参考館等は、百年以上たった今も当時の面影を残しています。

まるで明治時代にタイムスリップしたようなこの旧海軍兵学校跡は、現在は一般観光客にも開放され、海上自衛隊第一術科学校に申し込めば誰でも見学できます。

海軍兵学校の前身となったのは明治二年（一八六九）に築地《つきじ》に作られた海軍操練所、後の海軍兵学寮でした。

今でこそ海軍兵学校といえば、「江田島」、「赤レンガ」、「凛《りん》とした海軍士官」のイメージが定着していますが、実は明治二年に築地に開校した頃の海軍兵学寮は、全くそのような状況ではありませんでした。

築地に開校した当初の海軍兵学寮は、いわば「荒れた学校」だったのです。

振り返ると、私の少年時代（昭和五〇年代）は「校内暴力」が社会問題となっていました。学校のガラスが割られたり、先生が生徒に殴られたりというニュースが繰り返し流されていて、当時流行したドラマは、『三年B組金八先生』や『スクール☆ウォーズ』（いずれもTBS系）等、暴れる不良少年に立ち向かい更生させる熱血教師の話でした。

そのようなイメージを持っていただければ、当時の様子が見えてくるのではないでしょうか。

明治元年（一八六八）、軍務官の実権者・大村益次郎《おおむらますじろう》は、西洋式海軍を創建する旨を上奏するとともに、「海軍興起の第一は海軍学校を起すより急なるはなし」とし、それに基づき明治二年九月にはまず海軍操練所が創設されました。

海軍操練所が作られたのは東京築地の旧広島藩邸があったところです。現在の地図でい

築地の海軍兵学校

えば、築地の旧東京都中央卸売市場、朝日新聞社東京本社、国立がん研究センター中央病院等がある付近だと推定されます。

そこに建てられたのは「赤レンガ」ではありません。伝承によれば、木造の二階建ての洋式建築の華麗な校舎が建てられたようです。

学校の敷地と建物は確保できました。次に必要なのは教授と生徒です。

海軍操練所を創設するにあたって、明治政府は最高の教授陣を揃えたと言えるでしょう。まずは、後に「小学読本」を作る田中義門《たなかよしかど》（義廉）を海軍学校御用掛とし、「攻玉社」創立者の近藤真琴《こんどうまこと》や、後に海軍兵学校長（以下、特に断らない限り「兵学校長」または「校長」と記す）となる本山漸吉《もとやまぜんきち》、伊藤雋吉《いとうとしよし》等が創立時の中心人物となったのです。

写真協力：桜と錨の海軍砲術学校
（http://navgunschl.sakura.ne.jp/）

中でも近藤真琴は、国語学者としての先駆者であり、蘭語の翻訳でも名を轟かせ、文久三年（一八六三）には、蘭学塾「攻玉社」を創立していました。航海学や測量学にも通じ、当時難解と言われたピラールの「航海書」の翻訳でも注目を浴びていました。

このような最高水準の教授陣に対して、集められた生徒はどんな者だったのでしょうか。操練所の学生は一八歳から二〇歳の各藩からの貢進生と一般からの志願者、つまり推薦入学と一般受験生でしたが、ここでまずつまずいたのです。

貢進生は大藩からは五名、中藩からは四名、小藩からは三名と決められましたが、その理由はひとえに明治政府に金がなかったからです。つまり、「推薦入学、費用は各藩持ち」だったのです。したがって、各藩とも操練所に学生を送るだけの十分な資金がなく、結局、当初定員八七名で開校するはずだった海軍操練所の授業開始に間に合ったのは、たったの九名でした。定員割れ九割の学校なんて、今では考えられません。この時点では、教授陣の方が生徒よりも人数が多かったのです。

明治三年（一八七〇）一月一一日、ようやく始業式が行われました。

その後、生徒は少しずつ増えていきましたが、各藩から推薦された生徒は、質的に問題があったようで、成績不良の生徒は適当な人物と交代させられ、また自ら退寮を申し出る者が絶えなかったといいます。

他に、自費での通学生がいましたが、当時は学校と言えるものが公立では昌《しょう》平黌《へいこう》（昌平学校）と開成学校（開成所）くらいしかなく、その他は塾だったので、単に勉強がしたくて入学した者、つまり必ずしも海軍を志願しない者も含まれていたようです。

明治四年（一八七一）七月に志願して海軍兵学寮を受験し、後に海軍少将になる井上敏《いのうえとし》夫《お》という人物が、手記の中でこのように述べています。

「明治三年までは兵学寮の生徒は各藩から選抜して出した貢進生というやつで、一般の志望者から募集し始めたのは明治四年七月であった。ところが、その当時のことであるから海軍とは如何なるものか知っているものはない。従って、志願者も意外に少なく、どうしても定員に満たないというので、九月に追加募集を行った。私はその時試験を受けて入学したものである。

私は正直に打ち明けるが、実際海軍というものは、海にゆくものか、山にゆくものか知らなかった。現今の人達の頭で考えると如何にも不思議千萬な話だが、これは真実であったのだ」

海軍が海に行くのか、山に行くのかわからないとは驚きですが、まだ海軍がない明治初頭の一般の人たちの感覚はこんなものだったのです。
「高い使命感を持って海軍兵学校に志願し、高い競争率の中で選抜された生徒」というのはずっと後の話で、少なくとも海軍操練所創立当初の学校は、明治政府の理想とはかけ離れたものであったと言えるでしょう。

●幅広く優秀な人材を集めることを企図した入学資格

こんな状況を案じて、明治政府は英断を下しました。

「海軍操練所を海軍兵学寮に改め、貢進生制度を廃止する」

つまり、質の低い生徒しか集まらない藩からの推薦制度をやめて、全員を官費による選抜された生徒に切り替えたのです。
しかし、在学中の全生徒を官費で面倒を見るほどの資金は明治政府にはなかったので、明治政府は大規模なリストラに踏み切りました。

　これまでに海軍操練所に集められた生徒に意思確認が行われた結果、その多くは退寮することになり、改編される海軍兵学寮に入学する者が新たに選抜されました。

　当時いた通学生一三九名は全て廃され、在寮生七〇余名の中から幼年生徒として一五名、壮

初代校長の川村純義

年生徒として二七名が選抜され、全員が官費生となりました。
　実に八割の生徒がリストラされたことになります。おそらく日本の教育史上、最大のリストラではないでしょうか。今、こんなことをやったら、学校がつぶれてしまいます。
　八割の生徒をリストラして再建された海軍兵学寮は、明治三年（一八七〇）一一月五日に正式に発足しました。
　それまで正式な校長はいませんでしたが、同年一〇月二七日付で兵部省《ひょうぶしょう》ナンバー4である兵部大丞《ひょうぶだいじょう》の川村純義《かわむらすみよし》が兵学頭（以下、「校長」と記す）を兼務することになりました。

出典：近世名士写真　其2

「兼務」とは今日でもよくある人事発令の仕方で、要は適任者がいないため、しばらく不在となり、上位者がその職務を兼ねるということです。

つまり海軍兵学寮の開校時には、その職務に専念できる校長はいなかったのです。

もちろん川村は薩摩の出身、長崎の海軍伝習所の一期生でもあり、戊辰戦争で大きな功績を上げた当時の実力者だったので、海軍兵学寮の校長としても指導力を発揮したものと思われます。しかし、あくまで兼務で、彼には海軍創設のためにやることが他にもたくさんあったのです。

兵学寮の教授陣はそれほど変わりはなく、新たに赤松則良《あかまつのりよし》が兵学大教授に任命された他、兵学大助教には田中義門、本山漸吉、近藤真琴、兵学中助教には伊藤雋吉が指名され、その五名を中心に総勢五五名の教授陣が新たに発令されました。

実質的なトップとなった赤松の経歴は抜群で、長崎の海軍伝習所出身、日米修好通商条約批准書交換の使節団の一員として咸臨丸《かんりんまる》で訪米した経歴もあり、その後はオランダに留学、帰国後は幕府海軍副総裁となっています。

戊辰戦争後は駿府に逃れて、徳川家の旧幕臣の教育に当たっていました。

こうして揃えられた教授陣の半数が旧幕臣であり、旧幕臣が多い静岡出身者が二二名であるのは特徴的です。逆に薩摩出身はたったの二名、佐賀出身は誰もいませんでした。

おそらく教授陣の人選には、長崎伝習所出身であった川村や勝海舟の影響があったのでしょう。当時、明治維新後に江戸を追われて駿府にいた旧幕臣の中には、教育水準の高い人物がたくさんいました。

しかし、皮肉なことにこのことが後に、「荒れた学校」になる原因の一つになるのです。海軍学校御用掛の田中義門は、兵学寮の開校に間に合わせるように、「海軍兵学寮規則」の制定に取り掛かりました。逆に言えば、海軍操練所には規則と呼べるようなものはなかったのでしょう。

明治政府はすでに陸軍をフランス式、海軍をイギリス式にすることを決定していました。これに基づいて、田中は諸藩中、海軍学術に知見のある者を操練所に出仕させて制度規則の調査をさせていました。その中にはもちろん、英海軍の調査が含まれていたことが窺えます。

田中の尽力により、川村が校長になった明治三年（一八七〇）一〇月二七日と同じ日に、「海軍兵学寮規則」が制定されました（公布されたのは明治四年一月一〇日）。

それは一〇二条からなる本格的な規則で、通則、教授、試業、忌服《きぶく》病気、罰則、官員職務、文書の章から成っています。

特徴的なのは、海軍兵学寮の入学資格が一五歳以上の府藩県、華・士族、庶民、すなわち誰でも受験できることになったことでしょう。これまでは藩からの推薦や士族に限定されていたことを考えると、明治政府は国民全体から幅広い優秀な人材を集めることを企図したものと思われます。

また、教育制度は予科、本科、壮年の三コースに分けられました。その他、英学を主たる学科とすることも定められましたが、これはまさに海軍をイギリス式とする方針に沿ったものでした。

さらに一二六条から成る「海軍兵学寮内則」が定められ、生徒は寮生活の細部に渡る項目について服することになったのです。

東京築地という恵まれた環境に二階建ての洋風校舎、そして当時の実力者である川村純義校長を筆頭に据えた最高の教授陣、全額官費の予算、英国式を取り入れた規則。学校としての体裁は完全に整えられたと言えます。

●勝海舟に「海軍はやめた方がいい」

それでは、八割がリストラされた後に、新たに選抜された生徒にはどのような人がいたのでしょうか。

まず、二七名の壮年生徒の中に森又七郎《もりまたしちろう》と平山藤次郎《ひらやまとうじろう》の名前が見えます。この二人が明治四年（一八七一）の海軍兵学寮第一期卒業生（卒業生二名）となりました。

森は多くの艦の艦長を歴任した後、呉《くれ》水雷団長となり、最後は海軍少将となって予備役編入されました。平山は海軍大佐となり商船学校長等を歴任しています。

壮年生徒の中で際立つのは、日高壮之丞《ひだかそうのじょう》の存在でしょう。

日高は一〇年近い艦隊勤務の後、参謀本部海軍部第二局第一課長に抜擢され、軍政面で頭角を現します（軍政とは、軍事組織を管理運営する行政活動を指します）。そして、エルトゥールル号事件（一八九〇年、オスマントルコの軍艦エルトゥールル号が和歌山県串本《くしもと》沖で遭難し、五百名以上の犠牲者を出した事件）後は「金剛」艦長として生存者をイスタンブールまで送還する任務を成し遂げ、日清戦争では「橋立」艦長として戦功を挙げ、明治三五年（一九〇二）には常備艦隊司令長官に任命されました。

しかし、後に日高の名前を有名にしたのは、残念ながら彼の輝かしい経歴ではなく、日露戦争前の更迭事件でしょう。

そう、当時日露関係が緊迫する中、誰もが日高が連合艦隊司令長官になるものと考えていました。ところが、日高は更迭され、舞鶴鎮守府司令長官であった東郷平八郎《とうごうへいはちろう》が連合艦隊司令長官に任命されたのは有名な話です。

その日高の首を切った者が、たった一五名だけ選抜された海軍兵学寮の幼年生徒の中にいました。そして、物語は以後、彼を中心に展開していきます。

山本権兵衛。

後に海軍次官、海軍大臣として日本海軍近代化のための基盤を作り、海軍大将に昇任した後、日露戦争後には内閣総理大臣に就任する等、「日本海軍の父」と言われたその人です。

山本権兵衛は、嘉永五年（一八五二）一〇月一五日、薩摩国鹿児島加治屋《かじや》町の東端に生まれました。

加治屋町といえば、明治初期を主導した西郷隆盛《さいごうたかもり》・従道《つぐみち》兄弟、大久保利通《おおくぼとしみち》、大山巌《おおやまいわお》、東郷平八郎らを輩出した地域の一部です。

1877年の山本権兵衛

また、彼が生まれた翌年には、ペリーが浦賀《うらが》沖に黒船四隻を率いて来航しています。時代が大きく動こうとしている最中に彼は生まれました。

権兵衛はこの地域の伝統に従って、少年時代から郷中《ごじゅう》と呼ばれる自治組織の中に入り、学問、武道に励んでいました。権兵衛はこの頃から気性が激しく、力が強く、喧嘩っ早かったと伝わります。

幕末、薩英戦争が起こり、英海軍艦船による砲撃によって焼け野原となった鹿児島を見て、権兵衛は日本にも強力な海軍が必要であることを痛感したといいます。これが海軍を志す契機となったのでしょう。

慶應四年（一八六八）一月、鳥羽伏見《とばふしみ》の戦いが始まると、まだ一六歳だった権兵衛は年齢を偽って参戦します。当時は数え一八歳、満一七歳でないと従軍はできなかったのですが、体格のいい権兵衛はうまくごまかせました。権兵衛は伏見方面で戦いながら宇治川《うじがわ》と桂川《かつらがわ》の合流点付近である淀城《よど》を目指していました。同じく淀城を目指していた幕府軍は、譜代である淀藩の裏切りに会い敗走します。権兵衛の初陣は思いもかけぬ形での勝利となりました。

その後、小銃小隊員として越後長岡《えちごながおか》方面の激戦を戦い抜き、庄内藩の鶴岡《つるおか》城に入城し、ここでも勝利に終わりました。

そして戊辰《ぼしん》戦争が終わった明治二年（一八六九）、西郷隆盛の発案で薩摩藩兵の中から選抜された五〇名が、京都や東京に派遣されることになり、その中に山本権兵衛もいました。そこで海軍を志望する権兵衛は、西郷隆盛の紹介で勝海舟《かつかいしゅう》に面会することになりました。

勝は海軍を志望する権兵衛に、「海軍はやめた方がいい」と言って何度も反対します。きっと神戸海軍操練所（勝海舟の提言で一八六四年に神戸に設置されたが、禁門の変後に反幕府的とされ閉鎖）での挫折や、咸臨丸（勝海舟を艦長として、日米修好通商条約の批准書交換のため遣米使節団を乗せて太平洋を往復した幕府の船）での経験等、海軍の苦しみを実感していたからでしょう。しかし、何度もあきらめずに勝を訪れる権兵衛に対し、ついに勝は折れるのです。

「海軍をやるなら、高等普通学、特に数学ができなきゃだめだ。開成所に入って、その勉強からはじめな」

そこで権兵衛は、勝の自宅に居候しながら、はじめは幕府の学校・昌平黌に通うことになりました。

ところが、その後西郷隆盛の指示により、権兵衛は函館戦線への参加のため藩船「三邦《みくに》丸」への乗り組みを命ぜられたため、函館に向かうことになります。一時勉学は中断して船に乗り組みますが、函館に入港した時には戦争はすでに終わっていました。三度目の戦線は幻に終わりますが、東京から函館までの航路で権兵衛は海の厳しさを学んだことでしょう。

東京に戻った権兵衛は昌平黌で勉学を再開し、やがて開成所に移りました。

ここまでが、権兵衛が海軍兵学寮に入るまでの略歴です。

●カオス状態の「荒れた学校」

さて、数え一八歳になった権兵衛は、まず海軍操練所の薩摩藩からの貢進生として選ばれました。その時、同じく薩摩藩から数え二二歳の日高壮之丞も貢進生となっているのは、運命のいたずらでしょうか。

山本権兵衛を始め、最初の海軍兵学寮の生徒に選ばれた者は、薩摩が五名と最も多く、それ以外は全国から集められています。意外にも当時明治政府内で薩摩と並んで海軍建設の中心を担っていた佐賀出身者は選ばれておらず（思えば教授陣にも佐賀はいませんでした）、旧幕臣からも誰も入寮していませんでした。

ここまで読んだところで、みなさんは重大な事実に気がついたのではないでしょうか。そう、当初の海軍兵学寮は、教える側は旧幕臣が主体で、教えられる側は倒幕側が主体だったのです。しかも、教える側が戦争を経験していない教育者が多いのに対し、教えられる側は、戊辰戦争を戦った百戦錬磨の軍人です。

こんな学校で、揉め事が起こらない方が不思議でしょう。

昔の記録には、「建設当時の兵学寮は、溌剌《はつらつ》たる元気横溢《おういつ》して、動もすれば豪傑の屯集たる観を呈したりき。各藩出身の生徒はお互いに争闘し、往々教官の命令に従わず、自由奔放の限り、不規律、無秩序の状態を現出しぬ」とあります。

生徒どうしの争いが絶えず、生徒は教官の命令にも従わず、規律は守らない、まさにカオス状態の「荒れた学校」ではありませんか。

前述の井上敏夫の手記には、兵学寮生徒の乱暴な服装についても書かれています。

「当時、破れない軍服を着ていた者は数える程しかいなかった。中にちょんまげを載せているものがあるかと思えば、宮本という旗本の倅等は日本刀を紐で肩から脇の下にぶら下げていた。また中には例の短いジャケットで、それがボロボロに破れている上衣の紐を外して、紫市松のフランネルの襦袢《じゅばん》（和服の下着の一種）を出している者もあった。今から考えると、まるで狂者（ママ）か乞食（ママ）としか思われぬが、それで平然豪然として、休日等に市中を闊歩したもので、中には店で天ぷらを立ち食いしているやつもあった」

汚くボロボロな恰好をした生徒が、ある者はちょんまげを載せたまま、またある者は日本刀をぶらさげて街をぶらついている、こんな姿が当時の築地で見られたのでしょう。

またある時、兵学寮に禁令が出されました。

「生徒に告ぐ。自今、庭園内に小便するを禁ず」

つまり、校内で小便をする類のことが横行していました。

その生徒の中でも、身長一七三センチ、体重七〇キロ、筋骨たくましい上に頭脳明晰、そして戊辰戦争を戦い抜いた山本権兵衛は、幼年生徒でありながら、生徒の中のボス的存在として、先頭に立って教授陣に抵抗していたようです。

権兵衛は、近藤真琴ら教授陣の授業に対しても、

「実際の戦争はそんなもんじゃなか」

と言って、反論したといいます。実際に戦争を経験した彼が言うのですから、教える教授も言葉に詰まったことでしょう。

さらに権兵衛の抵抗は、時には猛烈な勢いで爆発するのでした。

昔の記録には、「山本権兵衛伯・伊集院五郎《いじゅういんごろう》男の如き、昔春日艦にありて砲火に浴せる徒は中教授近藤真琴以下戦場を知らざる教官の教授を受くるを屑《いさぎよ》しとせず、就中《なかんずく》山本伯首謀となりて教官排斥の運動を起し、時としては群生饗應して教官室に乱入し、或は教官と格闘し、或は卓子、椅子等を破壊し、流血の暴挙を演ずるに至りき」とあります。

ここまでくると、完全な校内暴力というか、反乱に近いと言えるでしょう。それを首謀

していたのが山本権兵衛であると、はっきり書かれています。

田中義門が苦労して作った兵学寮規則等、当初は全く無視されていたのでした。教える側から見れば、頭脳明晰な上に腕力もあり、おまけに豊富な参戦経験もあり、生徒を率いるカリスマ的な指導者山本権兵衛は、扱いにくい生徒だったに違いありません。

こんな学校の校長を任されたら一体どうするでしょうか。幸いにも私が幹部候補生学校の学校長を務めていた頃には、このような学生は全くいませんでしたし、学生は教官の指導をしっかり受け止めて、学生同士は切磋琢磨していました。仮にそのような学生がいたら、懲戒処分で退校させられていたことでしょう。

兵学頭を兼務していた川村は、ついに新しい校長を置くことを決心します。

●〝親分校長〟の登場

明治四年（一八七一）一一月三日、海軍兵学寮に新しい校長が任命されました。

当時の海軍の中で、この男の名前を知らない者はいなかったでしょう。もしかしたら、生徒指導に苦戦する教授陣も暴れまわる生徒たちも、名前を聞いて震えあがったかもしれません。

中牟田倉之助。

今、この名前を聞いてすぐにその人物について語れる人は、相当の歴史通、海軍通だと思います。

中牟田は校長就任後、明治九年（一八七六）八月に交代するまでの約五年間、兵学頭の職に就くことになります。

第２代校長の中牟田倉之助

中牟田は佐賀藩の出身（当初の海軍兵学寮には教授にも生徒にも佐賀出身がいないと書きましたが、いよいよ佐賀出身者の登場です）、安政三年（一八五六）に長崎の海軍伝習所に入所し、その後は佐賀の三重津海軍所で佐賀藩の海軍力発展に尽力していました。

川村と中牟田は、同じ長崎海軍伝習所の一期生と二期生の関係です。その頃から川村は、中牟田に一目置いていました。

戊辰戦争では、北越での戦闘に参戦して旧幕府軍と戦い、明治二年（一八六九）には「朝陽《ちょうよう》」の艦長として函館戦争に参加します。

この時でした。

函館総攻撃の際に、旧幕府艦「蟠龍《ばんりゅう》」の放った砲弾が、運悪く朝陽の火薬庫を直撃し大爆発を起こすという大事故が起こります。

朝陽は沈没し、副長以下、多くの乗員が亡くなりました。

中牟田はこの時に顔面を火傷し、失明しそうになりながらも懸命に泳ぎました。すると、近くに同じ佐賀出身の水夫が波間を漂っているのを見つけます。

「艦長、敵艦がやってきます」

「武器はあるか」

「何もありません」

「よし。敵の喉へ噛みついて死ね。辱めを受けるもんじゃないぜ」

中牟田はこのような状況でも平常と変わらず、毅然とした態度で命令したといいます。そこに観戦中の英艦艇が来て、二人は救助されました（当時、第三国の戦争を観戦することが慣習としてありました）。

この時の撃沈の際に、中牟田の顔には火傷の痕が残りました。

このような武勇伝を持つ百戦錬磨の軍人が兵学頭として発令されたのです。教授陣も、好き放題していた生徒たちも、身が引き締まりました。

古い記録によれば、

「況《いわ》んや函館海戦の時に受けたり火傷の痕は尚雙頬《そうきょう》に存じて当時の偉烈を語り、凛として人を慴服《しょうふく》せしむるものあるをや。かくが故に子爵（中牟田）の来り臨むや、校風久しからずして著しく變《へん》ぜり」

中牟田の登場で、校風が激変した様子が見て取れます。

戦争で受けた火傷の痕を見ただけで、生徒たちは畏敬の念を持ち、そして学校の雰囲気はあっという間に変わったというのです。

強面の親分タイプの校長というイメージでしょうか。

当時、兵学寮生徒だった沢鑑之丞《さわかんのじょう》という人は、中牟田の人物像について、このように語っています。

「生徒に対して微笑だに見せたことはなく、いつも生徒はピリピリしておりました。生徒中制服のボタン一個はずれていても、直ちに注意される始末で、そのまじめなことに対し生徒の間では、もし兵学頭の笑い顔を見たものは必ず報告するとまでいいはやされ、従ってカケごとを呈されるようになりました」

戊辰戦争に参戦したことを鼻にかけて、教授陣に反抗していた山本権兵衛をはじめとする生徒たちも、さすがにこの兵学頭に対して、「実際の戦争は……」等と自慢することはできなかったわけです。

それどころか、明治五年（一八七二）の記録では、権兵衛が中牟田から表彰されたことが確認できるのです。

「山本権兵衛
右是迄行状宜敷ニ付自今生徒ノ諸役差免候事
明治五年八月二十六日
従五位海軍少将兼兵学頭中牟田倉之助」

つまり、山本権兵衛生徒は品行方正であるので、掃除当番を免除するということです。かつては教官室に乱入して、喧嘩をし、物を破壊していた首謀者の権兵衛が「品行方正」とは驚きです。この頃、中牟田校長と権兵衛の間に何かやり取りがあったのか、記録は残っていません。権兵衛は、中牟田校長の就任と共に改心して生徒としての本分を尽くす様になったのでしょうか。いや、中牟田の懐柔策で、問題児を表彰することで生徒を取り込もうとしたのかもしれません。事実がどうであるかは、断片的で限られた史料から推測するしかありませんが、いずれにしても中牟田校長の登場は、混乱していた海軍兵学寮に大きなインパクトを与えました。

●自分と教授は昇任、生徒はリストラ

中牟田はさらに教官の威厳を取り戻すために、教授陣の階級を一気に上げるというものすごいことをやっています。

中牟田は兵学権頭に補任された明治四年（一八七一）二月時点では海軍中佐でしたが、

同年八月には自ら海軍大佐に昇任し、同時に教授陣をすべて武官に任官させました。

この時点で、例えば近藤真琴は海軍中佐、田中義門は海軍少佐になり、形の上では生徒より高い階級になりました。さらに中牟田は同年一一月に少将に昇任して、兵学頭になります。たった九ヶ月で海軍中佐から海軍少将、現代では考えられないスピード出世です。

とはいえ、校長が変わり、教授陣が全員武官になったからといって、何もかもが一瞬に変わるわけでもありません。生徒の間には、依然として厳しすぎる兵学寮規則に不満の声が上がっていました。

具体的に生徒の「悪い行状」とは次のようなことでした。

「教官に礼をつくさず、からかい、馬鹿にし、喧嘩をふっかける」

「寮の飲食物に不平を言う」

「服装、態度がだらしない」

「父母が病気になれば帰省できる等、公然と言いふらす」

「外出して大酒を飲み、酔っぱらって帰り、器物を破損する」

「女遊びをして帰校時刻に遅れる」

「戊辰戦争に従軍したことを鼻にかける」

このような人たちなら、現代でもいないとは言えませんね。中牟田校長以降、教官室に殴りこむようなことはなくなっても、まだまだ規律が徹底されてはいなかったことが窺えます。

そして、中牟田が兵学頭になって一〇ヶ月後の明治五年（一八七二）九月二六日、中牟田はついに次のような通達を出すのです。

「**修業の後は海軍に奉職するという誓約書を出した以上、自分から退寮を願い出ることはできないが、よんどころない事情がある者は、今回限り退寮させることがありうる。その者は一〇月九日一二時までに事情を書いて退寮願を提出せよ**」

要はやめたいやつはやめさせてやる、これは事実上の退寮勧告と言えるでしょう。中牟田校長の下で、二度目のリストラが断行されました。

そして、期限である一〇月九日までに八三名が退寮願を提出し、その後も依願、病気、落第、処罰、死亡等で、明治五年中にさらに三八名が退寮します。合計一二一名が退寮し、年末に残った生徒は、予科四三名、本科一一九名の計一六二名でした。

今回の事実上のリストラ（自主的にやめた形にはなっていますが）は約四割になります。前回ほどではないとはいえ、かなりの数です。やはり、学校の質を維持するためには、このくらいの大胆な処置が必要だったのでしょう。

「荒れた学校」をどうしたら再建できるのか。

中牟田は、自ら戦線を渡り歩いた経験から、真に戦える海軍を作るためには、妥協なき措置が必要だと考えました。

●三人の海軍大将が幻になっていたかもしれない

この時、山本権兵衛、日高壮之丞の他に、薩摩からの貢進生として上村彦之丞《かみむらひこのじょう》という男がいました。後に、日露戦争ではウラジオ艦隊をなかなか捕捉できずに批判を浴びたものの、その後、蔚山《うるさん》沖海戦、日本海海戦では大きな功績をあげ、海軍大将になります。彼も戊辰戦争の参戦経験を持ち、海軍兵学寮に入った時にはすでに数えで二三歳になっていました。

その年齢が高かったこともあってか、規則に従わずに自由奔放、いつも大酒を飲み、人一倍喧嘩っ早かったため兵学寮生活が好きになれず、この通達をきっかけに退寮しようとします。

上村は中牟田校長から出された通達を見て、一度は退寮を決意し、権兵衛にそれを打ち明けます。

「山本。今日はおはんにちと言いにくかこつを持っち来たど。折角一緒に勉学なして来たが、おいどんもこの後退寮しやうと思うのじゃ」

上村より三歳年下の権兵衛であったが、即座に反論した。

「上村。おはん、それは正気か。薩摩の兵児《へこ》(若者)は、苦しいちゅうこつはいはんもんじゃが、おはんこの位な勉学にへこたれもしたか」

「いや、おいどんも戦争までして来た者じゃ。兜をぬいだわけじゃなか。

じゃどん、おいは海軍には向きもさん。兵学寮でこげん勉強すっとなら、他の方面でしてみい。必ず一流の人間になれもすど。ここを出た所で何じゃ。海軍士官じゃなか。士官ちゅうたらたかが船乗りの親方もや」

「上村。おはんはそげん男じゃなか。

おはんが藤次郎といった子供の頃は貧乏で、おまけに髪が短い赤毛じゃで、臭いちょっぽいちんちくりんが通るちうて笑われもした。しかし、おはんは一言とも言わず、米担ぎに雇われて勉学にもいそしみもした。藩の人は誰も見向きもせなんだのに、西郷先生だけは感心して、藤次郎は見所のある奴じゃと申されて、おはんを江戸へ出して貰ったのじゃなかか。奥州戦争の大手柄を喜んで、海軍兵学寮へ入れたのも西郷先生のお陰じゃ。藤次郎はまことの武士でごわすと。西郷先生はおいどんにも何篇も言われもした。上村。立身出世を希うごつ貴様じゃなかったはずじゃ」

「山本。面目ない。年下のおはんに言われて、おいは目が覚めもした」

こんなやり取りがあって、上村は退寮を思いとどまりました。

このように上村を説得した権兵衛自身も、実は一度海軍兵学寮を退寮しています。薩摩藩の軍制改革の都合で、明治四年（一八七一）一月一七日に薩摩藩からの権兵衛、日高を含む四名の貢進生は兵学寮を退寮して帰藩しましたが、同年八月二日に復学を許可されています。

これは薩摩藩の方針なので、必ずしも権兵衛の意思であったわけではなさそうですが、この時期の混乱で、後に海軍大将となる山本権兵衛、日高壮之丞、上村彦之丞の三人が退寮しかけていたというのは、興味深い事実です。もし、この三人が本当に辞めていたら、明治の海軍の創設や日清・日露戦争も違った展開になったかもしれません。

ともあれ、中牟田校長就任一年で、「荒れた学校」はまだまだ問題はあったものの、とりあえず学校として落ち着き始めました。しかし、中牟田の改革はさらに加速し、その結果兵学寮はさらなる混乱に陥るのです。

●ダグラス軍事顧問団による混乱と変革

明治新政府が海軍をイギリス方式にすることを決定していたことはすでに触れました。そして、中牟田校長はその方針を海軍兵学寮において貫きます。すでに英海軍等を参考に兵学寮規則を作っていましたが、それが生徒の反発を呼んでいたことは前述のとおりです。

中牟田の英海軍軍事顧問団招聘への熱意には、並々ならぬものがありました。

当時、兵部省では陸海の経費争奪が激しく行われていましたが、明治五年（一八七二）二月に総額九〇〇萬円の内、陸軍八五〇萬、海軍五〇萬とする合意が成立すると、中牟田は多くの反対に遭いながら軍事顧問団の必要性を説いて回ります。

「国家百年の大計のために、必ず有力なる帝国海軍を創建すべし」

中牟田のこの強い信念の下、兵部省から独立したばかりの海軍省でついに軍事顧問団の予算が認められます。中牟田は直ちに英国政府を通じて人選を依頼し、明治六年(一八七三)七月、英国からアーチボールド・ルシアス・ダグラス海軍中佐を団長とする、三四人の英海軍軍事顧問団を海軍兵学寮に招聘し、学校教育を彼らに一任するのです。

これが更なる混乱を招くのでした。

中牟田から一任を受けたダグラス中佐は、兵学寮の教育を、英海軍の紳士教育を前提とした教育に全面的に変えることから取り掛かります。

「士官である前にまず紳士であれ」

これが彼の教育の基本方針でした。

現在の感覚で言えば、何ら問題がないと思われるフレーズですし、この考え方は現在の防衛大学校の建学の精神「真の紳士淑女にして、真の武人たれ」にも受け継かれています。

なぜ、これが混乱を呼んだのでしょうか。

それは、この教育方針というよりは、ダグラス中佐そのものにあったように思われます。

そもそもですが、海軍兵学寮は当時の海軍内部の力を反映して、生徒には薩摩出身者が多く、彼らは薩英戦争で徹底的に故郷を破壊した英海軍に対して、快く思っていなかったようです。他方、英海軍を招聘した中牟田は佐賀の出身ですから、反英感情はそれほどなかったと思われます。

ダグラス中佐はまず学科は数学、英語に重点を置くように改定し、教科書も授業もすべて英語にしたのです。私も幹部学校長時代には英語教育に力を入れましたが、さすがに「明日から授業は全部英語にせよ」とまでは言えませんでした。しかし、彼はそれをやりました。生徒の反発は容易に想像できます。

よく考えてみれば、ダグラス中佐を始めとする顧問団は、誰も日本語を話せないのですから、授業が英語で行われるのもやむを得ないことかもしれません。しかし、それを黙認していた中牟田校長も、「まだできたばかりの海軍を強力にするためには、英語教育を強化する必要がある」と考えていたのでしょう。

思えば、中牟田は、長崎海軍伝習所でオランダ海軍の教育を受けた後に佐賀に戻って、海外の技術を学びながら佐賀の海軍建設に尽力した国際派です。

中牟田がいた佐賀の三重津海軍所では国内最初の実用蒸気船が作られたり、ドック等が作られたことが遺構から判明しています。また、前述の通り中牟田は函館戦争で撃沈遭難した時に、英艦に救助されています。そのときに、英海軍のジェントルマンシップを学んだのかもしれません。

さて、そもそもダグラスが唱えた「紳士」とは何なのでしょうか。

我々が「紳士」という言葉から浮かべるイメージは、シルクハットにスーツを着こなした背筋の通った男性が、女性をエスコートするような姿ではないかと思います。それはそれで間違っていません。オックスフォード現代英英辞典によれば、「誰に対しても丁寧で、教養があり、マナーがよくふるまいが立派な人」と定義されています。

ただし、この精神には自律と義務が含まれているといいます。

すなわち、真の紳士たるものは、自らを厳しく律し、高い教養を身に付けるとともに、義務を果たすことにより社会的に理想を実現した人物というイメージであると言えるでしょう。単にスーツが似合っている人、マナーがいい人というわけではありません。

実際、ダグラス中佐は、兵学寮生徒に、厳しい規律と訓練を求めたのです。

さて、当時兵学寮にいた生徒の中には、制服をまともに着ず、大酒を飲み、立小便をし、時には教官に逆らい、規則を守らないといった者がたくさんいたことが史料から確認できるので、着任したダグラス中佐はこの実態を見て驚くとともに、自らの任務が非常に困難なものであることに気づいたことでしょう。

「教授陣」対「生徒」の争いだった兵学寮は、これを機会に「ダグラス」対「日本人」の対立の構図になります。

「校長、ダグラスとその一味は軍事探偵（スパイ）と思われもす。

我々はそうした輩に教えを受けるのは残念でごわす。

即刻、帰国させてくだされ」

権兵衛は生徒を代表して中牟田校長に意見を述べました。

「軍事探偵？　師と仰ぐ者に対して、そのような不謹慎な言葉を発すべきではない」

「それには根拠がありもす。兵器の調査を進め、詳細な報告が本国にされとりもすことは、明瞭でごわはんか。その上、生徒に鉄拳をくわえることは許しがたきこつでごわす」

ダグラスは、高い使命感を持ち、生徒を教育するために鉄拳を奮うこともいとわなかったのです。

中牟田校長は、ダグラスと生徒の間に介入しながら、しかしその所信を変えることはありませんでした。日本海軍建設のためには、英海軍の力が必要であることを彼は誰よりも理解していたのです。

「山本。彼は軍事探偵等ではない。お前たちは生徒として教官の知識を一つ残らず吸い取って、我が物にするのだ。教官から学ぶべきことがなくなったら、明日にでも帰国させようではないか。勉強せい。残念ながら今の日本海軍は、まだまだ英国に学ぶことが多い。お前たちが海軍を背負って立つ頃には、その必要がなくならねばならん。我々のこの苦しみは、建設期にある者のどうしても通らねばならぬ道なのだ。自重せい。日々のことに我慢ならぬことがあれば、私のところに相談に来い。何時でも親父として相談に乗ってやる」

中牟田校長の説得に生徒たちは応じました。

そして、中牟田はダグラスの説得も試みます。

「中牟田校長。日本の生徒は非常に乱暴です。あれを紳士の礼を知る士官に養成するには、鉄拳しかありません。我々英国の士官にその特権を与えて下さい」

懇願するダグラスに、中牟田は答えました。

「ダグラス君。日本の生徒は恥を知るものだ。もしその必要があれば、その時には校長がおる。わしが不心得者を直してみせるから、教官は遠慮なくわしの所へ具申してもらいたい」

「それはできません。処罰するには時があります。その時を選ぶのは教官の権利に属します」

真面目で頑固なダグラスは一歩も引きませんでした。しかし、中牟田もひるまずに反論します。

「それはもっともだ。しかし、日本の男は、とりわけ武士は親の他に自分の頭に拳をあてるものはないと信じとる。もし教官が鉄拳の制裁を加えたら、生徒は日本刀で教

官を切り倒し、その上自分も腹を切るに違いない」

中牟田の脅しともとれる「腹切り」発言に、さすがのダグラスも引かざるを得なくなりました。

「それならば要求は撤回する。ただし、我々の具申に従って、適当な方法を講じることは約束してもらいたい」

「承知した」

中牟田の尽力により、ダグラスを始めとする英海軍軍事顧問団と生徒との関係は一旦は収まります。

ダグラスは「紳士」教育という名の下に暴力を肯定する等、様々な混乱をもたらしたものの、ダグラス顧問団の教育には、その後の日本海軍の中心的な教えとなる重要なものが含まれています。それを幾つか紹介しましょう。

ダグラス中佐の訪日前に、日本海軍は英国政府と一三条の契約書を交わしていましたが、その第六条に「兵学寮規則条例を改定する」という項目がありました。この契約に基づき、ダグラスは新しい規則条例を作ります。その中に以下のような条文があります。

「教官は時刻を違えざるように己の任じたる科業につくべし。生徒は授業のはじまる時刻より五分前に講堂、あるいは船具操練場、あるいは大砲操練場に集まるべし」

後に「五分前の精神」として、日本海軍、そして海上自衛隊に継承されるものです。これはダグラスによってもたらされたものでした。

また、「Smart（スマート）、Steady（ステディ）、Silent（サイレント）」の三つのSを遵守せよという「3S精神」も、ダグラスの時代に伝わったといいます。このうち、スマートという言葉は、

「スマートで目先が利いて几帳面、負けじ魂、これぞ船乗り」

という言葉にも引用されて、同じように日本海軍、海上自衛隊に継承されていきます。

その他、彼は着任以来、生徒の体力が強健でないことを問題視し、外での訓練や運動等を増やしていました。そしてさらに、彼の発案により「競闘遊戯会」というスポーツ大会が開かれました。これはイギリスの文化として小学校から大学、陸軍や海軍の学校で行われていたアスレチック・スポーツというスポーツの催しを海軍兵学寮に導入したものです。これは、日本最初の運動会と言われています。

他にもダグラスは練習艦の導入による乗艦実習や、専任の英語教師の雇用等を提案し、また同じ顧問団の機関長サットンによる機関学校の提案等、ダグラス顧問団の提言はその後日本海軍に取り入られ、日本海軍の発展に大きく寄与したと言えます。

●やりすぎたダグラスの突然の帰国

しかし、ダグラスのやったことには、明らかにやりすぎと思われるものもあります。例えば、公休日もイギリス式になりました。天長節（天皇誕生日）の他に女王陛下誕生日や復活祭が追加され、生徒にもキリスト教の説教が聞かされるようになります。予科生徒は毎日曜にアーメンの講釈を聞かさせられ、それはとても辛かったと前述の沢は述懐しています。

また、前述のとおり、ダグラスは教育効果を挙げるためには鉄拳で鍛える方がよいと固く信じていました。そして、彼自身は命令に違反する水兵に対しては、容赦なく鉄拳を加えていたのです。

ある日、彼は命令を聞かない英海軍の水兵に対し、生徒の面前でむち打ちの体罰を加えます。当時の英国では、むち打ちはパブリックスクール等でも許容される体罰でした（これが完全になくなるのは、二〇世紀後半とも言われています）。当然、生徒たちは猛反発しました。「紳士教育」等と言いながら、むち打ちをするダグラスの姿は、まさに言行不一致の野蛮な行為に映ったことでしょう。

中牟田の言葉によれば、当時の日本では親から子供への体罰はある程度許容されていたようですが、それ以外で下の者を殴ることは恥ずべき行為だったようです。薩摩の郷中教育（薩摩藩の各地域で伝統的に行われてきた青少年教育）の中にも、「弱い者いじめをするな」という教えがありました。しかし、そのようなことはお構いなしに、ダグラスはイギリス流を貫いていたようです。

にもかかわらず、ダグラスは明治八年（一八七五）に、極東艦隊司令官ライダー少将とパークス英公使にこのような報告書を書いています。

「生徒たちの守られるべき規則はつくられましたが、すべての罰則は日本人教官によって実行されます。何ら反抗的なことも起こっていませんし、生徒に対して更に過ちを正す警告を発する必要も起こっていません。顧問団と日本側の士官や水兵たちの間では大変よい協力関係ができあがりました」

よくもいけしゃあしゃあとこんな報告を送っているものだと思いますが、日本側の史料を読めば読むほど、ダグラスはかなり自己主張が強い男で、教官や生徒との間では度々トラブルがあったことが窺えます。

海軍兵学校教育の基礎を作ったダグラスでしたが、契約期間三年であったものの、来日して二年もたたない明治八年（一八七五）七月に突然帰国を申し出、八月二五日には「栄転」の名の下に英国に帰国してしまいます。自尊心の強い彼は、中牟田の下では自分の指導が貫徹できないことを悟ったのか、それとも生徒との対立を見かねて中牟田が更迭したのか、その事情は定かではありません。

この頃、ダグラスは海軍長官やパークス公使に手紙を書いています。

「私は三年近くも中佐の地位にとどまっています。私の切なる希望は私の本来の職に戻り、私に新しいアポイントメントを与えて下さることです」

つまり、こんな異国の地にいては大佐に昇任できないから、帰国させてほしいということですね。これが彼の本音だったかもしれません。

ダグラスの帰国後も英海軍軍事顧問団は海軍兵学寮に残ります。

そして、三年の契約期間が満了する明治九年（一八七六）七月に一四名が帰国、新たに一六名が三年契約を結び、英海軍軍事顧問団は縮小されながらも継続されていきました。なお、最後まで残ったハモンドは、なんと明治三一年（一八九八）三月三一日まで滞在しています。

後日談になりますが、日清戦争の直後、当時の兵学寮生徒だった中溝徳太郎《なかみぞとくんろう》という人が渡英した際、ある宴席でダグラスに対面します。ダグラスは日本海軍の発展に非常に満足していたといいます。そして、彼は中溝にこう尋ねました。

「中牟田提督はご健在ですか。いまは何をしておられますか」

中溝が、

「今は枢密顧問官として陛下の御下問に答えておられます」

と答えると、ダグラスは突然椅子から立ち上がって、ゴリラのような恰好で歩きはじめ、

「提督は、今でもこういう歩き方をしておられますか」

と言ったので、その場にいた者は抱腹絶倒したといいます。

ダグラスは、自分が日本海軍を作ったという強い自負と共に、自分の言うことを聞いてくれない頑固な中牟田への複雑な思いがあったことを窺わせるエピソードです。

ダグラスが去ったその一年後、中牟田は自分の役割を果たしたことに満足したのか、明治九年(一八七六)八月に校長の座を後進に譲り、兵学寮を去りました。「荒れた学校」だった海軍兵学寮は、ダグラスの力も借りて、海軍兵学校としての基礎を整えました。そして、中牟田校長時代に育った生徒たちが、後に日本海軍の中心的な存在として活躍して行くのです。

そして生徒の中心人物だった山本権兵衛と日高壮之丞は海軍兵学寮二期生として、明治七年(一八七四)一一月一日に卒業します。日高の学業成績は一七名中一四番、権兵衛は

一七名中一六番でした。その二人が後に海軍大将になるのですから、歴史は面白いものです。

●ポスト中牟田時代の校長たち

カリスマ的な親分校長だった中牟田の後の校長には、どのような人がいたのでしょうか。いつの時代にも、カリスマ的な創業者がいる組織では、創業者の次世代に重い負担がのしかかります。

第3代校長の松村淳蔵

明治九年（一八七六）八月三一日に、中牟田の後任として松村淳蔵が校長の座を引き継ぎます。それと同じタイミングで、松村着任の翌日の九月一日、海軍兵学寮は海軍兵学校へと改称されました。

松村は薩摩の出身、明治六年（一八七三）に日本で初めて米国の海軍兵学校を卒業した国際派です。たたき上げのカリスマ創業者の後継者に、アメリカ留学組を持ってきたのは大変興味深い事実です。この頃には、英海軍軍事顧問団は半分になっていました。日本海軍がさらなる発展を遂げるため、新興国として台頭してきた米国のシステムをうまく融合させようとした意図が読み取れます。実際に松村は、「海軍はイギリス式」との基本方針を保ちながら、米国での教訓を兵学校に取り入れていきます。

兵学校長就任時の松村は、まだ三四歳です。帰国後に海軍中佐となり、中牟田の下で兵学寮の教官を務めていました。

松村の校長時代の記録はほとんど残っていませんが、彼のアナポリス時代のエピソードには、彼の考えを示すものがあります。

松村は米海軍兵学校の教訓として、アナポリス時代の各教科書に、次のように書き留めていました。

「『学校に入りし上は、各州の観念を以って彼我の異動を問うこと勿れ。
成業の上は、宜しく米国の保護者たるべし。
軍人が船に乗るときは先頭たるべし。

船を出るときは必ず殿《しんがり》なるべし。
彼我船難に陥り沈むとき生き恥を忍ぶべからず。
宜しく船と共に沈むべし』
彼の国には忠と言える観念なしと言えども、愛国と言える志操はすこぶる養成に努るを知れり」

松村が、アメリカ人の「愛国心」というものに強く感化されていたことが窺えます。また、その後の日本海軍には、「戦闘で艦が沈むときは、艦長は艦と運命を共にする」という観念が醸成されていきますが、これも松村をはじめとする米国留学生によって持ち込まれたものかもしれません。少なくとも中牟田が参戦した函館戦争の時には、このような思想はなかったと思われます。

その他にも、松村兵学校長時代に、米海軍兵学校をモデルにした制度が導入されたと思われるものが幾つかあります。

まず、明治一二年（一八七九）一月四日につくられた「海軍兵学校規則」では、優秀な生徒に対し表彰することが定められていますが、これは松村がいた米海軍兵学校で行われていたものです。

また、明治一五年（一八八二）九月一一日の「海軍兵学校条則」では、兵学校に監事を置いて、生徒の点検や集合、就業起臥等を命令させていますが、これも米海軍兵学校の衛兵伍長に似ています。

そして、松村が四回目の兵学校長を務めていた明治一九年（一八八六）二月一七日には、分隊編成が各期毎の単位（英海軍方式）から縦割の一年生から四年生までの混合編成（米海軍方式）へと変更されています。

松村兵学校長の趣意書によれば、

「**新古生徒を混合すれば、古生徒は新生徒を誘導し、自らその亀鑑《きかん》とならんことを思い、新生徒は又これを習い、漸くその心志の団練を熱するに至らん**」

これは松村が米海軍兵学校のシステムを見て取り入れたことに間違いないでしょう。このような学年混合の分隊編成は、今日の防衛大学校の学生隊でも見られます。

松村以降、兵学校が江田島に移転するまでの兵学校長を見ると、目まぐるしく校長が交代しています。

明治一〇年二月二〇日　伊藤雋吉《としよし》
明治一〇年八月二三日　松村淳蔵（二回目）
明治一〇年一〇月三一日　中牟田倉之助（二回目）
明治一一年一月一八日　伊藤雋吉（二回目）
明治一一年四月五日　仁礼景範
明治一三年一二月八日　本山漸吉
明治一四年六月一七日　伊藤雋吉（三回目）
明治一五年一〇月一二日　松村淳蔵（三回目）
明治一七年一月二一日　伊藤祐麿《いとうすけまろ》
明治一八年一二月二八日　松村淳蔵（四回目）
明治二〇年九月二八日　有地品之允《ありちしなのじょう》
（右記の他、江田島移転後の明治二三年に本山漸吉は二回目の校長の座についています）

その中でも松村は四回も兵学校長を務め、そして海軍兵学寮の創立時の教授だった伊藤雋吉と本山漸吉も複数回兵学校長を務めています。ちなみに伊藤雋吉は海軍きっての能書家で、帝国海軍の艦尾の艦名表示はすべて伊藤の揮毫《きごう》した字が使われました。そして、短期間ながら中牟田も再登板しています。

第４代校長の伊藤雋吉

明治の日本海軍の創設期では、川村や中牟田の息のかかった人事で、兵学校に英国や米国の制度を取り入れながら、一貫した教育を確立しようとした意図が読み取れます。

すなわち、創業時のカリスマ指導者の考えをよく理解した人たちが、その後を継いでいったのです。これは正しい選択だったと言えるでしょう。

中牟田が去り、生徒の指導的な存在だった権兵衛が卒業し、波乱と変革をもたらしたダグラスも去りました。このポスト中牟田時代に、海軍兵学校はその地盤を確固たるものにしたのです。

しかし、すべてが順調だったわけではないようです。

明治一三年（一八八〇）、海軍中尉となった山本権兵衛は、当時の兵学校長である仁礼景範に意見具申をします。

「外国人教師は、もはや練習艦に同乗させるべきではない。そして、時代に遅れて補習が必要になった高級士官も遠洋航海練習艦に乗り組ませ、新学術を習得した青年士官教師の教育を受けさせる必要がある。これが海軍の実力を増進させることになる」

当時の海軍士官には、戦時にそのまま海軍に入ったものが多く、実戦の経験はあるものの、権兵衛のように海軍兵学寮で学科を習ったわけではありません。したがって、そのように教育を受けていない者にも再教育すべきであるとの意見は非常にまともな意見でした。

仁礼景範校長は大賛成し、山本の意見を取り入れて、その結果、権兵衛は練習艦「龍驤《りゅうじょう》」に

第８代校長の仁礼景範

出典：近世名士写真　其２

青年士官教育担当として乗り組みを命ぜられます。

「練習乗艦を全員の義務とする規定を作る」

しかし、この仁礼校長の決定は、海軍全体を巻き込む大きな事件となってしまうのです。

●怒り狂う榎本海軍卿、更迭される仁礼校長、飛ばされる権兵衛

明治一三年（一八八〇）の日本海軍の海軍卿は、川村純義海軍中将から榎本武揚《えのもとたけあき》海軍中将に交代したばかりでした。

この榎本は波乱万丈の人生を歩んでいます。江戸時代の幕臣だった榎本は、江戸で生まれ育ち、昌平坂学問所で学んだ後、長崎海軍伝習所の二期生として中牟田らと共に学びます。その後は築地の軍艦操練所で教鞭をとり、さらにオランダ留学等で航海術、蒸気機関、国際法等を学びます。

その後も順調に昇任し、慶応三年（一八六七）には、幕府の軍艦頭となり、和泉守《いずみのかみ》を名

乗ります。

そして戊辰戦争が勃発すると幕府海軍として参戦し、徹底抗戦します。そして函館戦争では五稜郭を占領しますが、米国が明治新政府を支持する等、状況は徐々に悪化し、最後は新政府軍に降伏し、榎本はじめ旧幕府軍の中心人物は投獄されました。

しかし、榎本の実力を高く評価していた福沢諭吉《ふくざわゆきち》や黒田清隆《くろだきよたか》等の助命活動により、榎本は特赦により出獄します。そして、その後、北海道開拓や駐露特命全権公使を任じられる等、新政府の中でも要職を務めることになるのです。

海軍卿の榎本武揚

そして、ついに海軍卿になった榎本は、当時の海軍の中にいた旧幕府関係者の希望の星でもありました。

榎本海軍卿の下には伊東祐麿海軍中将がいました。彼は仁礼と同じ薩摩出身で、明治一七年には海軍兵学校の校長も務めます。また、伊藤祐麿の弟は後に日清戦争時に初代連合艦隊司令長官となる海軍大将伊東祐亨《いとうゆうこう》です。その彼

出典：近世名士写真　其2

がまず、仁礼案に対して大反対したのです。

「すでに戦功をあげておる高級士官に対して初歩の段階の訓練を強制するのは戦功を無視するもので無礼ではないか」

この伊東の発言の裏には、もちろん榎本海軍卿がいました。榎本は常々「旧幕府関係者を軽蔑するなよ」との姿勢をとっていました。さすがに直接そのようには言えないので、「戦功を無視するな」との主張に切り替えて、仁礼案を潰しにかかったのです。

榎本は仁礼案に激怒していたと伝わります。

「相当の地位にあるのに、練習艦乗り組みを命じ、青年士官の指導の下で講習させるとは、個人の名誉を傷つけるのみか、下級者の軽視を招き、ひいては軍隊における秩序を乱すものである」

これもある意味正論でした。まだまだ日本海軍は権兵衛のような海軍兵学寮出身者は少なく、旧幕府関係者との関係も微妙であったことが窺えます。

すっかり立場を失った仁礼校長は、職を辞して鹿児島に帰ると言い出しました。権兵衛や日高は必死に仁礼を説得し、一時は仁礼も辞官を思いとどまります。しかし、一二月四日に伊東祐麿が軍務局長になると、事態は急変します。一二月八日、仁礼は校長を解任され、非職となるのです。非職とは現役ながら職務がなく、給料も三分の一に減額されることです。

仁礼の更迭で、権兵衛の「龍驤」乗り組みの話も取り消され、彼は元いた「乾行《けんこう》」に戻りました。しかし、この権兵衛の「乾行」乗り組みが、再び運命の歯車を狂わせるのです。

明治一四年（一八八一）の年明け、「乾行」で勤務していた山本権兵衛中尉は、「汽船二隻を隅田川に回せ」という榎本海軍卿からの命令を伝達されます。山本は艦長に報告して、汽船二隻を隅田川に回航させました。

榎本は、その汽船に外国からの来客を招待し、芸者を侍らせて遊興しました。すると、当時の艦長伊東祐亨（後の海軍大将）、井上良馨《いのうえよしか》（後の海軍大将）、笠間広盾《かさまひろたて》（後の海軍大佐）ら三人の中佐、東海水兵本営長の有地品之允中佐（後の海軍兵学校長）らは、「言語道断の振る舞い」と激怒して、海軍省に抗議し、榎本武揚排斥運動を始めます。

しかし、榎本は動じません。今度は京橋の料亭で、博徒《ばくと》らと盛大な酒宴を開くのです。

海軍省内では、反榎本の狼煙《のろし》が燃え上がりました。その流れは、権兵衛のところにも及

んできます。しかし、権兵衛は、

「海軍卿の進退を論ずること等に、われわれのような下級者は関係すべきでない」

と言って、断りました。

ところがです。同年二月一五日に権兵衛は突然「乾行」乗り組みを罷免され、非職を命ぜられるのです。全く理不尽な措置に権兵衛は憤慨し抗議しますが、全く無視されます。

この榎本排斥運動の陰に、当時「乾行」乗り組みで汽船を回航させた権兵衛がいると見なされたのでしょう。もしくは、当時海軍を牛耳っていた薩摩出身者への当てつけだったかもしれません。当時結婚して次女が産まれる中、非職となり給料も三分の一にされた権兵衛の生活は困窮します。後の海軍大将、「日本海軍の父」と呼ばれる山本権兵衛にも、こんな時代があったのです。

江田島の教育参考館には、山本権兵衛海軍大将の靴下と裁縫道具が展示されています。権兵衛の靴下は何度も穴が空いたところが補修されています。私が候補生の時に初めてこれを見た時には、「大変な倹約家」だというぐらいにしか考えていませんでした。権兵衛は自分の信念を貫いて、このような非情な冷遇を受け、困窮の生活に追い込まれたことを教訓に、「いつどんな仕打ちにあっても、数ヶ月くらい生活できるようにお金を積み立てる」

ために倹約家になったのだろうと今では思います。

ところが再び運命の歯車は回りだします。

榎本排斥運動が功を奏したのか、明治一四年（一八八一）四月七日、榎本は海軍卿を解任され、新しい海軍卿には川村純義が戻ってきました。そして、更迭されて非職になっていた仁礼は東海鎮守府長官の要職に復活します。そして、あの中牟田も海軍大輔《たいふ》に任命されます。

仁礼景範は海軍大臣等を歴任した上に人格者だったようで、後の海軍省（現在の農林水産省の付近にありました）には西郷従道海軍大将、川村純義海軍大将（川村は逝去後に大将に昇任）の銅像に加えて、海軍中将（当時としては最高位）だった仁礼の銅像が作られます。

そして権兵衛も非職を解かれて、同年七月一三日付で練習艦「浅間《あさま》」乗り組みを命ぜられます。

海軍卿を解任され予備役になった榎本ですが、その後、明治一八年（一八八五）には新たに発足した内閣制度の中で逓信大臣、その後も文部大臣、外務大臣等を歴任します。一時は投獄され、海軍でも失脚した榎本ですが、やはり実力者だったのでしょう。時代は彼のような人物を必要としていたのかもしれません。

築地時代の海軍兵学校（寮）は「荒れた学校」から始まり、その後歴代校長の尽力により、日本海軍の中心として活躍する多くの人材を輩出します。後に海軍大将になる日高壮之丞、山本権兵衛、上村彦之丞、伊集院五郎、斎藤実《さいとうまこと》、加藤友三郎《かとうともさぶろう》、島村速雄、八代六郎《やしろろくろう》、山下源太郎《やましたげんたろう》、山屋他人、鈴木貫太郎、海軍中将の坂本俊篤、藤井較一《ふじいこういち》、吉松茂太郎《よしまつしげたろう》、佐藤《さとう》鉄太郎《てつたろう》等、日本海軍の歴史に名を残す人々が、築地時代の海軍兵学校（寮）の卒業生です。

そして、海軍兵学校は、江田島移転という歴史の転換期を迎えるのです。

第二章　発展期

～江田島移転と海軍教育の確立

●江田島移転の大英断はなぜ行われたか

海軍兵学校が江田島に移転するのは、明治二一年（一八八八）八月一日です。それに先立つ明治一六年（一八八三）には、築地には立派な赤レンガの生徒館が完成していました。それなのに、なぜ、このような大規模な移動が行われたのでしょうか。

明治一九年（一八八六）五月には、すでに広島県の呉に第二海軍区鎮守府を設置することが決まり、呉と地理的に近い江田島という離島に海軍兵学校を移転する案が浮上していました。この江田島移転を強硬に主張した人物がいます。薩摩出身、英国に留学した経験を持ち、明治一九年（一八八六）一月に海軍兵学校次長兼教務総理に補された伊地知弘一《いじちこういち》中佐という人です。

伊地知は、「兵学校を僻地に移すの理由」という一文を草して、江田島移転を強く主張するのです。

「第一、生徒の薄弱なる指導を振作せしめ海軍の志操を堅実ならしむるに在り。第二、

生徒及び教官のことたる務めて世事の外聞を避けしめ精神症例の一途に赴かしむるに在り。第三、生徒の志操を堅確ならしむるに当たっては、（中略）繁華輻輳の都会に校を置きて生徒を教育せば自ら世情に接し、（中略）之を良策とせざればなり」

伊地知の主張を読むと、生徒を健全に教育するために、都会から離れた「僻地」に移転すべきとの熱い思いが伝わってきます。

しかし、静かな漁村だった当時の江田島の住民は、突然の海軍兵学校移転の話に大きな衝撃を受けます。海軍からの説明に対しても納得せず、そもそも海軍兵学校とは何なのかということに始まり、多くの水兵が大勢来ると島の秩序が乱れるのではないか、そして若い水兵目当てに瀬戸内海の港町から若い女性を集めて風俗業が江田島に来るのではないか等、多くの心配と反対に直面したのです。

驚いた海軍は、島の有力者を集めて説明会を開き丁寧に説明をすると共に、島内の道路整備や港湾整備、郵政業務整備等を約束してその利点を理解させる努力をしました。そして、島内での風俗業の営業禁止を海軍と地元の間で取り交わしました。

海軍兵学寮の頃から生徒の遊興の話はありました。開校から二〇年近くたっても、やはり生徒たちは休みになると遊びに熱中していたのでしょう。なんといってもまだ一〇代の若者です。急速に発展する新しい首都東京は、全国から集まった生徒たちには魅力的な町だったに違いありません。明治一〇年（一八七七）には銀座は西洋風の煉瓦街に生まれ変わりました。モダンな街並みに憧れて築地の海軍兵学校を志願した人たちには、江田島移転はショックだったかもしれません。

江田島移転には、もう一つの理由があったと思われます。

明治二〇年（一八八七）七月、欧米視察から帰国した西郷従道海軍大臣は、高等士官学校（海軍大学校）設置のために英国からジョン・イングルス大佐の雇い入れの追認を政府に求めます。追認というのは、西郷はすでに訪英中にイングルス大佐の雇い入れを決定していたからです。緊急の極めて異例な措置でした。なぜ西郷はこんなに急いだのでしょうか。

当時、隣の清国の勢力が拡大し、清国の北洋艦隊は急速に近代化を成し遂げていました。明治一九年（一八八六）には最新鋭艦「定遠《ていえん》」、「鎮遠《ちんえん》」等の北洋艦隊が示威行動を兼ねて日本に来航し、その時には長崎事件（清国北洋艦隊の水兵が長崎で暴動を起こした事件）

が起こっています。西郷は英国で、清国との戦争に備えるために海軍の近代化、そして高等教育が必要だと説得されたのかもしれません。

明治二〇年（一八八七）一二月に来日したイングルス大佐は早速、海軍大学校（海大）創設を西郷に提案します。

「**帆走時代は終わった。**
多くの士官たちは帆走の知識を減じ、我々の配慮をさらに重要なことに集中しなければならない。このためには数学と物理を重視しなければならない。すべての軍事操作はいかなる年齢でも習得できるが、基礎となる数学は若い時代にのみ習得できる。機関術は海軍士官にとって新しい機能であり、指揮する責任者と直結すべきでない。機関技術は特殊な専門が要求されるので、少数のエリートのグループで教育されなければならない」

イングルスは帆船時代から大型機船時代の到来に備えるため、日本海軍の教育改革を提言し、その提案に基づいて明治二一年（一八八八）八月に築地に海軍大学校が設置されました。また、一旦兵学校に吸収合併されていた海軍機関学校も、イングルスの提言により、明治二六年（一八九三）一一月に横須賀に再度設置されています。海軍大学校は築地の旧海軍兵学校跡に設置され、海軍兵学校の赤レンガの生徒館（明治一六年完成）が、そのまま海軍大学校の生徒館になりました。

海軍兵学校の江田島移転は、築地への海軍大学校設置と同時に行われました。どちらの決定が先だったのかは定かではありませんが、その背景には後に戦争になる清国の勢力拡大、清国の海軍力増強があったものと思われます。

なお、この江田島移転の時の校長は有地品之允。榎本武揚排斥運動の際に抗議をしたと伝わる人の一人です。兵学校長としては体育科目に柔道を取り入れたと言われています。後に海軍中将、常備艦隊司令長官、退役後も貴族院議員になりました。

●「赤レンガ」がない、揺れる「東京丸」、築地に戻りたい

こうして海軍兵学校の江田島移転という一大事業が行われましたが、築地から江田島に到着した生徒たちは驚いたことでしょう。なにせ、そこには生徒たちが住む建物がな

かったのですから。

日清関係の緊張、呉鎮守府の設置、イングルス大佐の招聘、バタバタしながら急遽決まったと思われるこの事業でしたので、江田島移転の明治二一年（一八八八）八月一日に生徒館、いわゆる「赤レンガ」の建築は間に合わなかったのです。間に合わないどころか、その時点では生徒館建設予定地の地固めも終わっていませんでした。

後に兵学校長になる谷口尚真《たにぐちなおみ》は、この時の江田島の光景を次の通り語っています。

「本校に来りたる時、練兵場には一本の草木も無く、埋立されたる砂原の白く光るばかりなりき」

江田島の生徒館が完成するのは、それから五年後の明治二六年（一八九三）八月です。つまり、移転後の五年間は「赤レンガなし」の江田島海軍兵学校時代が続くのです。その間、校長は有地品之允から吉島辰寧《よしじまときやす》、本山漸吉、山崎景則《やまさきかげのり》、坪井航三《つぼいこうぞう》と代わっています。

それでは、生徒たちはどこに住んでいたのでしょうか。

海軍はこの問題を解決するため、当時三菱商会が保有していた「東京丸」（元々は一八六四年に米国で建造された蒸気船「ニューヨーク号」）という蒸気船を購入し、必要な改修を行って「生徒学習船」として江田島の海軍兵学校に係留することにしました。そ

広瀬武夫や秋山真之が過ごした東京丸

うです。この期間に江田島で生活した生徒は、船の中で生活していたのです。

この「東京丸」の設計図を見ると、生徒が学習をする講堂、生活の場である寝室の他、校長室や次長室、教官室等もあります。移転したのに結局船で生活するのでしたら、生徒館の完成まで待って築地に「東京丸」を係留してもよかった気もしますが、そこはやはり何か事情があったのでしょう。

この時代に「東京丸」で過ごした生徒には、日露戦争で活躍する広瀬《ひろせ》武夫《たけお》や秋山真之がいます。彼らはついに、後に江田島名物となる「赤レンガ」に住むことなく、卒業していきました。

東京丸は荒天時には揺れ動く等、生徒には不評であったと伝わります。しかし、このような船上の環境が、後に秋山のような天才を生んだとも言えます。

写真協力：桜と錨の海軍砲術学校
（http://navgunschl.sakura.ne.jp/）

余談になりますが、赤レンガの積み方には、「イギリス式」と「フランス式」があります。「イギリス式」は、各層毎に煉瓦を縦と横に並べるのに対し、「フランス式」は、各層の中に煉瓦が縦と横に混在して配置されています。江田島の生徒館を設計したのは、イギリス人のジョン・ダイアックという明治政府に雇われた設計士で、築地の海軍兵学校の生徒館も彼の設計によるものでした。ですから、江田島の生徒館の煉瓦は「イギリス式」になっています。

同じ敷地内にある水交館（明治二一年完成）の煉瓦は「フランス式」に積まれているので、フランス人が設計したことが窺えます。

明治二六年（一八九三）についに江田島に赤レンガの生徒館が完成します。やっと不評だった東京丸から解放された生徒たちでしたが、江田島が僻地であることには変わりません。生徒館が完成した後も、江田島はまだ不評だったようです。

明治三二年（一八九九）、河原要一《かわはらよういち》という人が兵学校長になります。山本権兵衛と共に海軍兵学寮二期生として卒業し、最後は海軍中将になる人です。同期だったからでしょうか、彼は明治三三年（一九〇〇）に当時海軍大臣の地位に上り詰めていた山本権兵衛に意

1893年に完成した赤レンガの「生徒館」

見書を提出しました。

「江田島はその地最辺僻なるがため、教授教官を得るに難しく、かつ外部よりの交通刺戟《しげき》疎なるが故、校員一同自然土着的、家族的気風に陥り、安逸活気の風を失い、安逸無聊を喜ぶに至り易く、従ってその害を生徒に及ぼす」

要は、「江田島は僻地なので誰も来たがらず、世間と隔離されているので、みんな慣れあいになってしまうので、また築地に戻してくれ」ということです。校長自ら「僻地が海軍の教育にふさわしい」と言っていた伊地知中佐とは真逆のことを言っているわけですね。伊地知が聞いたら怒ったことでしょう。

組織を維持発展させるために必要なことは、やはり創業時の考え方をしっかり理解しそれを貫くことだと思います。そういう意味では、河原は海軍兵学校移転時の考え方を正しく理解せず、現場の教官や生徒たちの声に迎合してしまったと見ることもできます。それほど現場では、「築地に戻りたい」という声が強かったのでしょう。

さて、河原の意見書を受け取った山本権兵衛海軍大臣はどうしたのでしょうか。

当時の日本は、日清戦争による多額の軍事費、そして対露戦争に備えての軍備拡張の必要性等、財政がひっ迫していました。このタイミングで生徒館が完成したばかりの海軍兵学校を再移転する余裕等あるはずがありません。

第22代校長の河原要一

「この意見書は取り上げる必要なし」

権兵衛の回答は明快でした。

河原はこの後に校長を退任し、後任の東郷正路《とうごうまさみち》に引き継ぎます。

●海軍大学校創立と「海大の父」坂本俊篤

ここで一旦、江田島から離れて、築地に新設された海軍大学校について触れたいと思います。

築地の旧海軍兵学校生徒館をそのまま利用して開校した海軍大学校ですが、当初は海軍軍務局長だった井上良馨少将が校長を兼務しました。その次も伊東祐亨少将が兼務し、専任の校長が任命されるのは開校から二年が過ぎた明治二三年（一八九〇）年九月の林清康《はやしきよやす》中将でした。

生徒は甲号、乙号、丙号に区分され、その主力は甲号生徒でした。海軍大学条例によれば、甲号は「大尉にして砲術長、水雷長、航海長、機関長及び砲術水雷航海機関各科の職に適する学術を修る者」とあります。

清国の勢力拡大に備えるための海軍の近代化が喫緊の課題でしたから、当初海軍大学校では次々に建造される軍艦等、新装備に関する術科教育が中心でした。

第一期の甲号学生九名の中には、加藤友三郎や郡司成忠《ぐんじしげただ》の名前が見られます。

加藤友三郎は、日露戦争では連合艦隊の参謀長、その後海軍大臣となり、ワシントン軍縮会議の主席全権委員になります。彼の海外での評価は極めて高く、「ヒューズ（アメリカ全権代表）とバルフォア（英国全権代表）を足しても一人の加藤にかなわない」、「かくも偉大なステーツマン（政治家）であり、ディプロマット（外交官）であり、同時にグレイト・セイラーでもある加藤提督は、国境と民族をこえた世界海軍共通の誇りである」（フランス全権代表ド・ボン談）等と絶賛されています。後に海軍大将、内閣総理大臣にもなる加藤は、海軍の歴史の中でも際立った逸材と言えるでしょう。

郡司成忠は、海軍時代にそれほどの功績は残していません（といいますのも彼は大尉でやめています）。しかし、退役後に千島拓殖の夢をもって、海軍から払い下げられた短艇（カッター）で千島開拓の旅に出ることで有名になります。なお、小説家の幸田露伴《こうだろはん》は、成忠の実弟に当たります。

その後、海大校長を務めた人には、仁礼景範中将、中牟田倉之助中将、坪井航三中将、東郷平八郎少将、柴山矢八《しばやまやはち》中将等、明治の海軍を支えた人たちの名前が連なります。

しかし、海軍大学校の高等教育機関としての基盤を確立したのは、歴史に名を連ねることれらの提督たちではありません。それは、後に海軍中将になりながら歴史の中では埋もれた存在である坂本俊篤という人でした。

坂本は諏訪の出身、明治六年（一八七三）に海軍兵学寮に入学し、六期生として卒業します。同期には後に海軍大将、海軍大臣や総理大臣を歴任しながら二・二六事件で暗殺される斎藤実らがいます。

誰が坂本を抜擢したのでしょうか。ここでもすでに海軍の実力者になっていた山本権兵衛の存在が見え隠れします。

坂本は元々、同期の斎藤実、山内万寿治《やまのうちますじ》とともに、「海軍三秀才」と呼ばれるほどの逸材でした。この三人に目を付けたのが山本権兵衛です。権兵衛から見れば海軍兵学寮の四期後輩、自分を支える存在としてはちょうどよい年次です。権兵衛はこの三人の性格や特質をよく見極めていたようです。そして、この三人の内、斎藤は軍政分野に進み、後に山本権兵衛の後任の海軍大臣になり、山内は技術分野で呉海軍工廠の設立等で貢献します。そして、坂本に与えられた課題は教育でした。

坂本は中尉の頃にフランスに四年間留学しています。イギリス式、一部アメリカ式で近代化を進めてきた海軍の中では、随一のフランス通として注目されます。

坂本はフランスから帰国後、海軍参謀部第二課員を兼ねて海軍大学校教官となりました。

その後、日清戦争では軍艦「比叡《ひえい》」副長として参戦、戦後は軍令部出仕としてフランス出張を命じられ、当時創設されたフランスの海軍大学校の調査研究を命じられました。

そして帰国後、軍務局軍事課員となった坂本は海軍将校の教育体系をまとめ、明治三〇年（一八九七）四月、そのための法律改正とその理由を軍務局長の山本権兵衛少将に提出したのです。これを山本権兵衛が採用し、海軍諸学校の多くの条例、規則が改正されました。

そして坂本は、欧州の海軍の現状とフランス海軍大学校の組織等を報告すると共に、海軍大学校の改革案「海軍大学改革に就ての意見」も提出しました。

「我海軍大学の現状に就て察するに、大学設立の旨意貫徹せさるものあり。指導の法未だ明らかならざるものあり。是我教育の一致に於いて改革の急を促すものあるに非ずや」

「海大の父」坂本俊篤

「海軍大学は、智謀学識卓越なる有為の士官をして他日陣に臨み敵に対して艦隊兵員を操縦し或は司権域内に於いて軍務を区処するの学問を教える処となす。

右学問の為、教科を大別して二部とす。

第一部　戦術戦略

第二部　軍務軍政」

この提言に基づき、明治三〇年（一八九七）九月に海軍大学校の条例は改正され、枢要の職員または高級指揮官としての素質をあたえるための高等の兵学を教授する甲種学生、砲術・水雷・航海術を教授する乙種学生、機関に関する学術を教授する機関科学生に区分されます。海大設立当初の甲号学生は「大尉にして砲術長、水雷長、航海長、機関長及び砲術水雷航海機関各科の職に適する学術を修る者」でしたから、坂本は海軍大学校をより戦略レベルでの素養を身に付けさせる学校に変えようとしたのです。

そして坂本は同年一〇月二六日に少佐で海軍大学校教頭心得、一一月一日には中佐に昇任し、同じ一一月二七日にはなんと大佐になり、ついに心得から正式な教頭になります。

たった一ヶ月で少佐から大佐に昇任したことになります。そういえば、中牟田倉之助も九ヶ月で中佐から少将に昇任していましたが、それを上回るスピード出世です。

三年間の海軍大学校勤務を経て、坂本は明治三三年（一九〇〇）五月に海軍大学校長心得、そして明治三五年（一九〇二）五月に少将に昇任し、ついに海軍大学校長に補されます。その後、明治三七年（一九〇四）一一月までと、明治三八年（一九〇五）一一月から明治四一年（一九〇八）八月までの約五年間、海軍大学校長を務めます（明治三七年二月から明治三八年一一月までは日露戦争のため海軍大学校は休学となり、坂本はその間、佐世保《させぼ》鎮守府参謀長を命ぜられています）。そういえば、中牟田倉之助も五年間海軍兵学寮の校長を務めました。坂本の場合は校長になる前の海大教官から教頭心得、教頭、学校長心得の時代も含めれば、一〇年以上を海大で過ごしたことになります。海大の総てを知り尽くした男と言えるでしょう。

●マハンを呼べ

坂本は、海軍大学校の制度を改革すると共に、教育そのものも見直しました。特に「軍政」という講座を取り入れたのは坂本が教頭の時でした。

「これからの海軍を背負う者は、戦略・戦術だけの研究では物足りない。限界のせまい『戦争屋』をつくることが海軍大学校の教育目的ではない。いつか行政部門の枢要な地位につく人たちはもちろんだが、高級指揮官となる者も広い見識と豊かな教養を必要とするに違いない」

坂本はすでに将来を見据えていたのでしょう。ロシアとの戦争が迫っていた当時に、すでにその先の将来まで見ていた坂本の眼力には感服する他ありません。

しかしながら、軍政を教えるのには海軍以外から教授を探す必要がありました。考えたあげく、坂本は当時国内最高の国際法学者であった有賀長雄《ありがながお》博士に相談をします。すると有賀博士は二つ返事で海軍大学校で教鞭をとることを引き受けました。有賀は日清戦争、日露戦争では法律顧問として従軍、ハーグ平和会議には日本代表として出席し、日本人初のノーベル平和賞候補にもなる人です。

けれども、軍で教えた経験はありませんでしたから、当初は苦労したことでしょう。しかし、その講義を受けた海大甲種学生一期生には、鈴木貫太郎少佐や竹下勇《たけしたいさむ》少佐等、後に海軍大将になるような優秀な学生がいました。有賀長雄が鈴木貫太郎に教える授業なんて、想像しただけですごいですね。このような坂本の努力により、海軍大学校は日本でも最高レベルの教育が受けられるようになっていくのです。

さらに坂本は、海軍の優秀な人材を海大教官として集めることに尽力します。

その中に、坂本はどうしても呼び寄せたい男がいました。

アルフレッド・マハン

話は明治三二年（一八九九）に遡ります。

坂本は、同年四月からオランダのハーグで行われる万国平和会議のために日本代表団の一員として訪欧し、同年八月に同会議が終了した後、帰国前に米国に立ち寄ります。その際、坂本は世界随一の戦略家であったアルフレッド・マハン海軍大佐を、海軍大学校へ三年間招聘することを企図していました。マハンといえば、一八九〇年に「海上権力史論」を発表し、その後、世界の海軍戦略に大きな影響を与えた人物です。今日でもマハンの著作は古典的な海軍戦略の書として、世界中の海軍での必読書となっています。もちろん、今でも防衛大学校や海上自衛隊の教育機関で教えています。

ハーグに行く前、坂本はマハンについて次のように語っていました。

「現世戦術家の泰斗《たいと》たるマハン大佐の如き薫陶日久しきものあるを見る時は、これを国別上より観察して精々これを他邦の上位に置くも決して大過なかるべきを信ず」

「世界最高の戦術家」。これが坂本のマハンに対する評価でした。

坂本は出国前にマハンの招聘を海軍首脳部に説明し、了承を得ていました。そして、そのための招聘費用として一万二千円を確保していました。今日のお金でいえば、なんと三千万ほどになります。マハン一人に三千万払ってもいいとは、坂本の並々ならぬ熱意を感じます。

そして、坂本はハーグの万国平和会議の場で、同じく米国代表団の一員として参加していたマハンの姿を見る機会を得ます。

憧れのマハンに出会った坂本の印象はどうだったのでしょうか。

「余の記憶に誤りなくば、彼（マハン）はニューポートの海軍大学創設に際して、その最初の校長であったと思う。当時、米国海軍には海軍参謀部という如きものはなく、その作戦計画は主として海軍大学の任ずる処のものであったから、その地位学識から想像して、定めし堂々たるものであろうと、見ぬ前からその風貌に憧れていたものであったが、余の予想は全く裏切られた。

ツルリと禿げた頭、無髷かと思われる程の薄い口髭、軽々しいその挙措、幾等高くふんでもブロードウェイ街辺の安店のクラク以上に出ぬ風貌、これが世界不朽の文豪マハン大佐かと度肝を抜かれたものである。また、その口をついて出る議論も、定めし海上権力史ぶりの堂々たるものと思いの外、極めて地味な常識一点張りのものであった」

憧れの人に会ったら、あまりにイメージが違って、その熱い情熱が冷めてしまう、そんなことは現代でもよくありますね。坂本はマハンに会って、あまりに無精な風貌（それにしてもブロードウェイの安い店にいるような男とは言いすぎだと思いますが）と当たり前のことしか言わない弁術に、失望してしまったようです。

それでもマハン招聘の交渉は続けられましたが、最終的にこの計画を米海軍は断りました。なぜ断ったかは記録にないのでわかりません。この時代、米海軍大学校は機密保持の観点から外国士官の留学生受け入れを拒否していました。米海軍が大海軍へと成長しようとする時代に、同じく太平洋で勢力を拡張しつつあった日本海軍に対する警戒心があったのかもしれません。このような時代に、マハンを日本に呼ぶこと等、初めから不可能だったのでしょう。坂本のマハン熱もすっかり冷めていました。こうして、坂本のマハン招聘構想はあっけなく挫折するのです。

●海大教育の功労者　島村・山屋・秋山で完成する海軍戦術

そんな中、ハーグでの会議を終えて帰国の途上、米国に滞在していた坂本のホテルに、ある男が訪ねてきました。その男は、江田島の海軍兵学校時代を「東京丸」で生活し、兵学校を首席で卒業、その後は艦隊勤務を経て、当時は兵術研究のため米国に留学していました。

秋山真之。

坂本と秋山の出会いはニューヨークでした。皮肉にも秋山はマハンに面会し、彼から古今東西の戦史から学ぶことの重要性を学んでいました。マハンの招聘には失敗した坂本でしたが、マハンの教えを受けた秋山との出会いはその後の海軍大学校、そして日本の運命を大きく変えることになるのです。

秋山の経歴については多くの知るところなので、簡単に述べます。秋山は慶應四年（一八六八）三月、松山藩の下級武士の家に生まれ、その後学を志して上京、一七期生として築地の海軍兵学校に入校します。入校してからの秋山は、それほど勉強していないにも関わらず常に成績は首席で、試験問題にどこが出るかはすべてわかると言って周囲を驚かせたり、俊敏、大胆、素朴で飾らない異色の存在であったと伝わります。秋山は兵学校の前半二年を築地、後

天才と呼ばれた秋山真之

半は江田島で過ごしました。努力家というよりは天才肌だったようですが、卒業後は一転して猛烈な勉強家、努力家に変わります。兵学校を首席で卒業した後は艦隊勤務に従事、米国留学を経て海大教官に補され、その後日露戦争では連合艦隊の作戦担当参謀として日本海海戦の勝利に大きく貢献したことはあまりに有名です。

秋山はマハンの指導を受けて、ニューヨークで古今東西の戦史研究に没頭していました。それだけでなく、日本の村上水軍や伊予水軍の古文書にも精通するほどよく勉強していたと伝わります。このような秋山の努力によって日本海軍の戦術が完成するのですが、それを秋山一人の功績と見るのは間違っていると思います。

むしろ日本海軍の戦術は、島村速雄が基礎を作り、山屋他人が発展させ、秋山真之が完成させたというのが事実に近いのだと思います。島村は明治二九年（一八九六）から約一年半、山屋は明治三一年（一八九八）から約四年、そして秋山は明治三五年（一九〇二）から日露戦争（日露戦争の間は海大は閉校となりました）を挟んで明治四一年（一九〇八）まで海軍大学校の教官を務めていることも、それを裏付けます。ですから秋山を語るには、島村と山屋についても触れなければなりません。

●人気投票第一位　島村速雄の「単縦陣」

今日では、一般人による人気投票というものが雑誌やネット等でよく行われています。例えば、「理想の上司」とか「尊敬する人物」等、様々なジャンルの人気投票で上位にランクするのは、その時代を象徴する人たちであると言えます。

明治四二年六月一五日発売の博文館《はくぶんかん》という出版社が発行している『太陽《たいよう》』という雑誌の読者投票企画がありました。明治時代ですから葉書による投票です。

そのタイトルは、

「次代の適任者は誰か」。

この企画で、次代の連合艦隊司令長官の部で一位になった男がいました。その男こそが島村速雄です。ちなみに文芸界の部で一位になったのは夏目漱石《なつめそうせき》でした。

島村速雄は、それほど明治の人達に人気があったようです。

島村は安政五年（一八五八）、土佐藩の郷士の家に生まれました。幼い頃から優秀で、九歳の頃に父親を亡くし、家計が厳しかったことから学費がいらない海軍兵学寮を目指し、七期生として入校します。優秀だった島村は兵学寮でも常にトップを維持し、当時兵学寮で指導に当たっていたあの英海軍軍事顧問団長のダグラス中佐をして、「この男こそ次代の日本海軍を背負う人間だ」と言わしめたと伝わります。

そんな島村ですが、海軍兵学寮時代に、「年頭の『海軍始め』という儀式で礼砲を撃つ砲員の選び方が不公平だ」と不満を持った同期や下級生を巻き込んで外出し、酒を飲んで帰校して兵学寮の校舎の窓ガラスやランプ、机等をたたき壊すという大事件を起こしています。

「全員、越中島《えっちゅうじま》で銃殺じゃ」

激怒した中牟田「親分」校長に対し島村は、「自分がクラスヘッドですので、騒ぎを起こした責任は全て私一人にあります」と全く言い訳をせずにすべて自分で責任を取ると主張したといいます。この態度が評価され、「兵学校七期に島村速雄あり」と言われるようになりました。

島村は兵学校を卒業後、艦隊勤務の傍ら独学で砲術を学び、米国海軍で発表された論文を翻訳して「海軍戦術一斑」として参謀本部内で配布したり、戦術演習についての方策を考案したりする等、若い頃から戦術研究で頭角を現します。それらの功績が実り、明治二二年（一八八九）から英国に三年間留学する機会を得ました。この留学期間に島村は当時トップレベルの英海軍から戦術等を学びました。

それまでの日本海軍の戦い方の基本は「単艦対単艦」で、それは軍艦から陸上または敵艦艇に砲弾を撃ち込むという単純なものであり、艦隊を編成して戦うという考え方はまだありませんでした。初期の海軍兵学寮で使われていた教科書は「砲術教授書」といいますが、これは英海軍の翻訳に若干の手を加えたもので、帆船時代の砲術の流れをまだ引きずっていました。そこに艦隊による戦術という概念が島村によってもたらされます。戦術の「術」とは英語でアートと呼ばれるものを日本語に翻訳したものです。芸術の「術」と同じですね。サイエンスではなくアートですから、そこには無限の可能性を感じ取ることができます。島村の功績は、射撃と艦隊運動との関係を整理し、それを戦術として一般化、体系化したことにあると言えるでしょう。

その島村が提唱した陣形が「単縦陣」です。これは先に述べた英国からの招聘教官であったイングルス大佐が海大の講義の中で強調していたものでしたが、島村は「単縦陣」による戦術を研究し、艦隊の演習で試行してその優位性を確認し、そして日本海軍の戦術として確立していくのです。

「単縦陣」の島村速雄（第25代校長）

（出典：近代日本人の肖像）

そして、日清戦争の黄海《こうかい》海戦では、この「単縦陣」が威力を発揮します。この時連合艦隊旗艦「松島《まつしま》」に参謀として乗り込んでいた島村は、第一遊撃隊司令官であった坪井航三が主張する「単縦陣」を支持します。清国艦隊は主力艦である「定遠」と「鎮遠」を中心にして艦を横に一直線に並べる「単横陣」でした。そして、連合艦隊は第一遊撃隊（坪井航三司令官）率いる四隻の単縦陣と連合艦隊本隊（伊東祐亨司令長官）率いる六隻の単縦陣が、横一列に並ぶ清国艦隊を斜めに横切り、優速を活かして清国艦隊の背後に回り込み、速射砲を連射して清国艦隊の巡洋艦五隻を撃沈、大破させる大勝利を収めます。

清国艦隊は、アジア最強の軍艦「定遠」と「鎮遠」を持ちながら、戦術がなかったために日本の艦隊に徹底的に叩かれたと言えるでしょう。

日本海軍が黄海海戦で実証した単縦陣による速射砲を主体とした砲撃戦術は世界中に広まり、その後の海軍戦術の基本形として確立しました。

その後、島村は日露戦争では旅順口閉塞作戦まで連合艦隊参謀長として、その辣腕をふるいます。その後は第二艦隊第二戦隊司令官に転任、バルチック艦隊が対馬海峡に来るか津軽海峡に来るかで意見が割れた時、一貫して対馬を主張したのも島村でした。また、日本海海戦での大勝利も秋山の功績と言われていますが、参謀長として前半の作戦全般を仕切ったのは島村です。

おそらく島村自身が「日露戦争では俺は何もしておらん。やったのは全部、智謀神の如く湧く秋山真之である」と述べたことが影響しているのでしょう。島村は希代まれなる戦術家であると共に人格者でもあり、このように自分の功績をひけらかすことなく、すべてを兵学校の一〇期後輩である秋山の手柄にしたのだと思います。

ところで、島村は明治三九年（一九〇六）一一月に富岡定恭《とみおかさだやす》が退任した後の約二年間海軍兵学校長を務めています。この校長時代にも、島村の人徳を示す多くのエピソードが残っています。

例えば、島村は各教場をよく回って熱心に授業を視察していました。その際、教官に対しては、次のような話をしています。

「教官が生徒に教えるに、教科書を見ながら教えるようなことではいかぬ。教科書は参考に持って行く位にし、教科書にある事は十分に解得していて、教場にては自分の腹の中にあるものを示す風でなければならぬ。実地実物に就いて教え得ることはなるべくそれによらなければならぬ」

まずは、教官はしっかり勉強してから授業に臨めと島村は指示しました。思えば私の学生時代にも、ただ教科書を読むだけの授業をする先生はいました。このような現状に、島村は百年も前に活を入れていました。

また、島村はある教官が自分の艦船勤務中における水雷術関係の失敗談を生徒に話しているのを見て、このように言っています。

「これ（失敗談を生徒に話すこと）は生徒をして、水雷術に興味を以って聞かせようとするため、そして同じ失敗をさせないために、有益な教授法として認める」

私自身の経験でも、人の失敗や体験談を聞くことは、特に若い頃には非常に参考になりました。それは単に他人の体験談を自分のデータベースとして活用するだけでなく、「こんな立派な人でも失敗することはあるんだ」というような一種の安心感にもつながります。テレビでも『しくじり先生』（テレビ朝日系）という番組がありますが、とてもよい番組だと思います。

失敗談を話すことによって教訓を導くという教育手法は、今日では一般的ですが、この時代にはまだそのような授業は珍しかったのでしょう。武士道の精神がまだ人々の意識の中に残る明治の時代です。自分の失敗を他人に話すことは、恥という意識が残っていたのかもしれません。

島村は毎週末の土曜日、各科の教官を一〇人位ずつ官舎に招いて食事をふるまったといいます。これは教官と親交を深め、教官の人物を知り、教官との意思疎通を図るためでした。お酒を交わした後、島村は歌を歌う等、とても気さくに接したようです。これによって教官は島村校長に対して信頼感を抱くようになりました。

そして、教官に対してはこのように話しています。

「教官は教場外に於いても常に教育の心掛けを放ってはならぬ。日曜日に官舎へ生徒が遊びに来た時にも、その時には迷惑であろうが、訓育の時と思って生徒に接してもらわなくてはならぬ」

このように校長と教官、そして教官と生徒は公私にわたって面倒を見ることで信頼関係を築くというのが島村の校長としての統率であったようです。

そして、校長自身も生徒には熱い愛情を注いでいました。

ある海軍の将官の息子が海軍兵学校に入校したものの、成績が芳しくなく、素行も不良であったため、退校処分にすることを会議で決定し、島村校長に上申したところ、島村は次のように述べました。

「生徒を退校処分に為すは校長の重大な責任である。その生徒に対して自分は未だ一度も訓戒したことがない。一度も訓戒せずに退校処分を為す如きは校長として為すべきではない。また、その将軍の子息である先輩に対する情誼《じょうぎ》としても忍びざるところ

である。自分が訓戒した上で改めぬ時は、退校処分を為しても遅くはない」

そして島村は生徒総員を整列させて、その前にその生徒を呼び出し、懇切な訓戒をしたといいます。それは、将官の子息であるからという特別な取り扱いをするような風には感じられず、そこにいた者は一人の生徒に対し校長が大変心配をしていることに大きな感動を覚えたといいます。そして、その生徒はこの後改心して、素行も学業もよくなり、無事に卒業して海軍士官になりました。

その他にも外国出張から帰ると、西洋の玩具を土産として江田島の子供たちに配ったり、官舎に住んでいる子供たちに出会うと、「君は誰だ」等と愛想よく声をかける等、子供たちをかわいがったエピソードが残っています。

このように島村は、校長と教官、また校長と生徒、または子供たちとの距離感を縮めた人でした。海軍兵学寮最初の専任の校長であった中牟田倉之助が、「生徒に対して微笑だに見せたことはなく、いつも生徒はピリピリしていた」と評されていたのとはイメージが随分変わりました。島村が校長になったのは日露戦争勝利の後です。時代は、荒れた学校を立て直す親分肌の校長ではなく、ロシアに勝利した日本が列強の仲間入りをしていく中で、島村のような優れた人格者を求めたのでしょう。

しかし、その後しばらくは戦争のない時代が続き、次代の連合艦隊司令長官の人気投票で第一位だった島村が、連合艦隊司令長官になることはありませんでした。日本海軍の戦術の基盤を確立したその手腕は、司令長官として発揮されることはなく、むしろ島村は海軍兵学校長の後、明治四一年（一九〇八）には海軍大学校長も務め、大正三年（一九一四）には海軍教育本部長になり、海軍の主要な教育関係の将官ポストをすべて経験することになるのです。

●「他人」が作った「円戦術」

山屋他人は海軍大将になった人でもあり、海軍通の人であれば当然知っている歴史上の人物ですが、一般に有名かどうかといえば、山本権兵衛や秋山真之らと比べて知名度は高いとは言えません。

東京都目黒区の洗足《せんぞく》駅の近くに「山屋坂」というゆるやかな坂があります。山屋他人海軍大将は、退任後は洗足村の村長になり、この付近に住んでいたことから、この坂が「山屋坂」と呼ばれるようになったといいます。今でも小さな石柱が立っています。

しかし、山屋が平成の時代になって突然注目を浴びたのはこの坂ではなく、皇太子妃になられた雅子《まさこ》様（現皇后陛下）の母方の曾祖父が山屋他人であることが、山屋の地元の岩手県でクローズアップされたからでした。

具体的に言うと、山屋他人には妻との間に一男二女がおり、長女の澄子《すみこ》と江頭豊《えがしらゆたか》の間に生まれた子供が、雅子皇后陛下の母である小和田優美子《おわだゆみこ》さんにあたります。

それにしても「他人」とは珍しい名前ですね。山屋は父親が厄年の時の子供でした。当時、厄年に生まれた子は一度捨て子にして他人に拾ってもらい、それから名をつけないと丈夫に育たないという迷信があったそうで、父親は「捨てたり拾ったりは面倒だから、初めから他人にすればいい」と言って、名前を「他人」にしたといいます。

その「他人」が島村の後を継いで海軍大学校で海軍戦術を発展させていきます。

島村は、艦隊決戦前の陣形は単縦陣が最良であることを海軍内で共通の認識とさせましたが、戦闘時の陣形についてはまだコンセンサスが得られていませんでした。

「円戦術」の山屋他人

「艦隊の戦闘陣形として如何なる隊形を最良なるべきやは、現今未決の問題に属する。

然れども欧州海軍国にあっては、夙《つと》に秘密的にこれらの研究実験を積み、一朝戦機の動くに当たり劈頭にこれ新奇の戦法を用いて敵の呆然自失するの間に早く已に戦争の終局を継ぐるか如きことなしと言うべからず。吾人一日の安を偸してこれに応ずるの道を講せすんは、遂に千秋の恨事たらざるなきを必すべからず」

この山屋の言葉には欧州の海軍が秘密裏に開発した戦闘陣形に対する危機感が感じられます。そこで山屋は、まずは六隻による単縦陣を基本とし、敵艦隊と遭遇したならば、半径二五〇〇から三〇〇〇メートルの円に沿って艦隊を変針させ、敵艦との距離を一定に保った状態で、戦闘態勢に入ることを提唱しました。そして、これを「円戦術」と名付けます。山屋は、明治三一年（一八九八）一二月に海軍大学校教官となり、明治三五年（一九〇二）六月まで務めました。その間に甲種学生に対する戦術講義を行い、その講義録「海軍戦術」の中にこの「円戦術」は出てきます。

山屋は日清戦争での黄海海戦のようなケースではこの戦術が有効だったという意味のことを言っています。他方で、「大艦隊にあっては、全隊一団となって能くこの円戦術を適用し得るや否やは疑問なり。むしろ小艦隊各自に好機を利用してこの戦法を試しむるを可なりとせん」と述べています。

山屋は、次代を担う後輩達に「大艦隊決戦の戦闘隊形」についての宿題を託したのかもしれません。時代はロシアの勢力拡大により、日露関係が緊迫し始めていました。

山屋のもう一つの功績に「海軍兵棋《へいぎ》」、すなわち駒を使って戦術を研究する兵棋を始めたことが挙げられます。これはドイツのメッケル大佐によってもたらされ、陸軍大学に導入されていたものの海軍版です。

第一回の兵棋演習は将校臨時講習として明治三四年（一九〇一）に海軍大学校で開かれました。その教官は山屋（当時中佐）で、受講者には日本海軍の主力艦の艦長が集まりました。そのすべては山屋より先任の先輩です。通常では考えられない関係ですので、「教官は山屋中佐とし、教授法は学生教授法と同一とせしむること」との注意書をつけて、山屋中佐の指導を受けるよう各艦長には指示が出されました。

この将校臨時講習という名の兵棋演習は第四回まで行われ、第四回には秋山真之も教官として参加しています。その後兵棋演習は、重要な作戦を実施する前の検証として、太平洋戦争終結まで海軍大学校で行われることになりました。

明治三五年（一九〇二）、海大校長心得から正式に校長になった坂本俊篤は、山屋を高く評価していました。しかし、すでに海大教官を三年以上勤めていた山屋には常備艦隊参謀への栄転の話が持ち上がります。坂本は仕方なく、山屋の後任人事を進めることにしました。

●天才秋山が完成させた「海軍戦術」

山屋ほどの人材の後任者を探すのに、坂本海大校長は苦労したことでしょう。最初に彼が目を付けたのは八代六郎大佐でした。八代はロシア武官を経験したロシア通でもあり、「和泉《いずみ》」艦長を経験した後は、海大選科学生として兵学の研究をしていました。

しかし、八代はこの話を断ります。断った理由は明確でした。

「私より適任者がいます」

八代が推したのが、秋山真之でした。当時はまだ少佐です。

八代は秋山が兵学校生徒の頃の教官で、秋山が夫人をもらうときにその使者に立ったのも八代でした。八代と秋山の個人的な関係はその後晩年まで続きます。

坂本が米国で秋山に対面していたことは前述のとおりです。坂本と秋山の出会いで、何を話したのかはわかりせんが、坂本は秋山の才能をその場で見抜いたのでしょう。八代の提案は、坂本にとっても「我が意を得たり」でした。

坂本は八代の提案を受け入れ、当時常備艦隊の参謀だった秋山を海軍大学校教官に補する人事を山本権兵衛海軍大臣に懇願し、了承されました。それは坂本が校長になって二ヶ月後の事でした。坂本の秋山に対する期待の大きさが感じられます。

日本海軍が生んだ天才秋山が、ついに海軍大学校で教鞭をとることになりました。正式に発令されたのは明治三五年（一九〇二）七月です。

その秋山の海大教官時代の講義録がいくつか残っています。

その中で「海軍基本戦術　第一篇」は、明治三六年（一九〇三）から明治三九年（一九〇六）

にかけて行われた講義のようです。また、「海軍基本戦術　第二篇」は明治三九年(一九〇六)年二月に発行されたものと見られ、内容に日露戦争の日本海海戦の戦例が引かれています。日露戦争前の講義で秋山は艦隊の編制、陣形、運動法について詳しく述べているのに対し、日露戦争後の講義では日露戦争での教訓を踏まえた戦法について詳しく述べているのが特徴的です。

秋山が「海軍基本戦術　第二篇」の中で提唱しているのは、我が単列艦隊、敵が単列または複列艦隊である場合の丁字戦法と、我が複列艦隊、敵が単列または複列艦隊である場合の乙字戦法です。敵の艦隊の前方を横切る形が「丁《てい》」の字に見えることから丁字戦法、さらに複列艦隊で敵の後方も抑える形が「乙《おつ》」の字に見えることから乙字戦法です。これはまさに日露戦争で連合艦隊が実証した戦術と言えるでしょう。(なお、戸高一成《とだかかずしげ》氏と半藤一利《はんどうかずとし》氏が、丁字戦法は黄海海戦で行われたのであり、日本海海戦では丁字の態勢になっていなかったと著書で指摘していることは非常に興味深いものです)

日露戦争前の秋山の講義には、丁字戦法、乙字戦法はなかったようです。少なくとも正式な記録としては残っていません。しかし、秋山の頭の中にはその構想はすでにできあがっていたのでしょう。

秋山は、山屋の「円戦術」を発展させて丁字戦法、乙字戦法を考えたのかというと、どうもそんな単純なことではないようです。秋山自身が次のように述べています。

「対敵上好位置を占めんには距離を基とすべからず。必ず隊形を基とせざるべからず。彼の円戦術の如きは距離を基とせるが故に、彼我両軍は元より受くるところの利益均一にして偏重あることなし」

秋山は優勝劣敗、すなわち艦隊決戦の場面において優勢を維持することが重要であるという考えを持っていました。山屋の円戦術はその部分が欠けているので、むしろ否定しているとも読み取れます。前任者の考えた戦術をもう一度自分の考えで見直して、それを受け入れるのではなく、むしろ一旦否定して、新たに体系化したところに秋山のすごさがあります。

しかし、それができたのは秋山に戦史や戦法に関する豊富な知識があったからです。秋山は米国留学中に欧米の戦史や戦法を研究していました。その中には米海軍のＴフォーメーションもあったことでしょう。また、日本古代の海賊（水軍）の戦法も学んでいたことも知られています。水軍の書では、単縦陣を「長蛇の列」という名前で呼び、その戦い方として「左敵を受ける時は右より助け、右に至れば左より救う、中に懸かれば左右より討つなり」と書いてあり、これらが丁字戦法、乙字戦法の原案となったのかもしれません。

いずれにしても秋山の功績は、島村、山屋が研究してきた海軍の戦法を日本海海戦等、実戦での検証を以って体系的に整理し、完成させたことにあると思います。秋山には「海国戦略」という著書もありますが、現存していないためその内容はよくわかっていません。秋山の講義録には他に「海軍応用戦術」、「海軍戦務」があります。「海軍戦務」では、令達、通信、偵察、警戒といった基本任務についての規範が整備されました。「海軍戦務」はその後改定されて、「海戦要務令」として日本海軍の作戦の聖典となっていきます。

明治四一年(一九〇八)一二月、秋山は三笠《みかさ》副長を命ぜられ、海軍大学校を離れます。そして、海大の父と呼ばれた坂本俊篤も同年八月には校長を退任し、その後任には、島村速雄が任命されました。また、山屋他人も明治四四年(一九一一)九月からと大正二年(一九一三)一二月からの計一年間、海大校長を務めます。

秋山の日露戦争での活躍は絶大なるものでしたが、大佐までの昇任はそれほど早くありません。その理由として、何らかの問題があって当時の権力者であった山本権兵衛に睨まれたと伝わります。

「俺の目の黒い間は、秋山は東京に入れない」

しかし、山本権兵衛が大正三年（一九一四）に発覚したシーメンス事件（ドイツのシーメンス商会による日本海軍高官への贈賄事件）で失脚し、海軍大臣に八代六郎が就任すると、秋山は軍務局長として復活します。八代と秋山の個人的関係は前述の通りです。秋山抜擢の陰には常に八代六郎がいました。

秋山は、見事に海軍内で軍務局長として復活を遂げたものの、晩年は霊研究や宗教にのめりこみ、体調も悪化したことから療養生活を送るようになり、大正七年（一九一八）二月、享年四九歳の若さで逝去しました。日本海軍が生んだ天才戦術家秋山真之は、本来なら海軍大学校長になるべき人だったと思いますが、その機会はついに訪れなかったのです。

●時代の寵児：山本権兵衛

明治二四年（一八九一）六月、山本権兵衛海軍大佐は海軍大臣官房主事を命ぜられます。権兵衛はこのポストを足掛かりにして、海軍内で徐々に名声を高め、実力者となっていきます。

前年一一月に第一回の帝国議会が開かれる等、日本の政治が国会を中心に動き出した時代でもありました。時の総理大臣は山縣有朋《やまがたありとも》、貴族院議長は伊藤博文《いとうひろぶみ》、衆議院議長は中島信行《なかじまのぶゆき》、そして海軍大臣は樺山資紀《かばやますけのり》海軍中将でした。

明治二五年（一八九二）の第四回帝国議会では海軍の予算、特に軍艦建造費を巡って議会が紛糾します。結局、軍艦建造費の予算は認められたものの、予算総額の中で二六〇万円を削減することが決定されました。

このため、政府は行政整理取調委員会を設け、各省から委員を集めて行政改革に取り組むことになりました。

自分の組織の予算が削られることを喜ぶ人はいません。しかし、権兵衛は少し違っていたようです。

「海軍の経営たる明治維新創設爾来すでに二十余年を経たり。而して聖明の御稜威と歴代當路の盡瘁《じんすい》とにより、漸次発達し大に見るべきものあるに至れるは感激に堪えずといえども、其の諸制度に就いては、四圍の情況推移と国運の進展とに鑑み、須らく

時代に循応して改善進歩を図り、以って連綿普段其の宜しきを制せざる可らず、故に時にしたがい機に応じ、之が改革を行うの要あるべし」

権兵衛は、この行政改革という名の予算削減というピンチを、海軍創設以来手が付けられなかった諸制度改革のチャンスと捉えたのです。そして、権兵衛は海軍軍令部条例を始めとした数々の制度改革を実現していきます。特に海軍参謀部を海軍省から離れて独立させ、新たに海軍軍令部として制度上陸軍の参謀本部と並列の機関にしたことは、権兵衛の大きな功績と言えます。

さらに権兵衛は、人員の整理に取り組みます。この際、同郷（鹿児島）の先輩で維新当初から功績のあった将官や自分と親交があった者であっても、海軍をさらに発展させるために退役すべきとされた者は容赦なく退役させました。反対に、自分に反対する者でも有能な人材はこの機会に昇任させています。この人員整理では、将官八名、佐官尉官八九名が退役させられました。

権兵衛は薩摩出身者を重用したとの評価もありますが、この機会に昇任した斎藤

首相になった山本権兵衛

実、出羽重遠《でわしげとお》、山下源太郎、岡田啓介《おかだけいすけ》、名和又八郎《なわまたはちろう》、佐藤鉄太郎《さとうてつたろう》らは薩摩の出身ではありません。むしろ、川村純義以来の海軍の薩摩重用路線を、権兵衛が修正したと見ることができるかもしれません。

さすがに、この人事整理案を見た西郷従道海軍大臣は驚いて、権兵衛に問いただしました。

「これだけ多くの士を淘汰して、万一の場合、すなわち一朝有事に際し、配員上の支障をきたすおそれはないか」

しかし、権兵衛は答えます。

「もし戦線が拡大したり、持久の状態になって予備役の者を要する時が来たら、あらためてこれを招集し、それぞれ相当の配置にあてればよい」

この説明を受け入れて、西郷海軍大臣は人事整理案を了承しました。

権兵衛の改革は、やがて世間の注目を浴びることになります。主要紙はこぞって権兵衛についての記事を書きました。

出典：近代日本人の肖像

「山本権兵衛なるものは今や世上の一疑問となれり。其の官は海軍大佐其の職は海軍省主事に過ぎざれど、一個の豪傑と見られ、或は悪豪傑と評するもあれば善豪傑と評するもあり。善悪の批評種々にて宛てながらクロムウェルの真価分明せざりし時の如し」（明治二六年四月二六日発行の国民新聞）

「山本権兵衛。彼必ずしも藩閥を恃《たの》んで雄なるにあらず、彼は薩摩人として幸福なるよりも寧ろ不幸福なるもの也。彼にして薩摩人たらざらしめば世は必ず彼を怨するものあらん」（明治二六年五月四日発行の国民新聞）

「海軍の内部を談ずるもの、海軍の改革を談ずるもの、必ず彼山本権兵衛大佐の名を唱道して止まず」（明治二六年五月五日発行の国民新聞）

「権兵衛ドンの住家、時めく権勢の羽をのばして高く海軍部内に雄飛する権兵衛ドンのことなれば、金殿玉楼とは行かぬまでも定めていかめしき門とを張り居るならんとは我も人も皆思うところなるが、打って換って非常の質素、浮世を忍ぶ處士の仮家にさも似たり、これ英雄人を欺くの狡手段にあらずんば、古を学んで成らざるの君子人なりと云えり」（明治二六年五月八日発行の日本新聞）

「海軍省主事大佐山本権兵衛氏は、世上の毀誉の焦点となってその名江湖に高し、堂々たる大新聞全力を尽くして之を攻撃する者あれば、大臣大将等之を一俊傑として称賛惜かざるもあり」（明治二六年六月九日発行の中央新聞）

これだけ多くの新聞が権兵衛の記事を書いているのを読むと、権兵衛はまさに時代の寵児になった感があります。「官位も階級もまだ高くない山本権兵衛という男が今海軍を改革している。果たして彼は善人なのか、悪人なのか」というのが新聞の共通した論調です。ある記者は権兵衛を「クロムウェル（一七世紀のイギリスの政治家。清教徒革命でのイングランド内戦で勝利して王制を廃止、共和制を導入後、独裁的な権力を掌握）のような男」と書きました。また、別の記者は山本権兵衛が権力を笠に着て豪華な暮らしをしているに違いないと思って自宅まで行ったところ、とても質素な暮らしをしているのに驚き、逆に深く敬服しています。海軍大佐になっても権兵衛の質素ぶりは変らなかったようです。

このような世間の批判も物ともせず、権兵衛は改革を断行しました。

しかし緊迫化する大陸の情勢は、権兵衛にさらに困難な選択を強いることになるのです。

●反本省派（反権兵衛派）二人の兵学校長

ところで、歴代の海軍兵学校長の中には、山本権兵衛の天敵ともいうべき男が二人います。いつの時代にも派閥や権力闘争というものはありますが、権兵衛が海軍省で出世街道をまい進していく中で、権兵衛に反対する勢力も徐々に生まれていきました。この勢力は「反本省派」または「艦隊派」等と呼ばれています。

その筆頭は、やはり柴山矢八と言えるでしょう。

柴山矢八は薩摩の出身、年齢は権兵衛の二歳上で東郷平八郎の従弟に当たります。藩の選抜で米国に留学し、帰国後に海軍中尉になった留学組です。

柴山は海軍の新しい知識等にも詳しく、その力量、手腕は非凡であったと伝わります。

しかし、長い海軍生活の中でほとんど中央で働くことはなく、長く艦隊での勤務が続きました。明治二六年（一八九三）一二月から明治二七年（一八九四）七月までは海軍兵学校長を務めます。日清戦争では開戦直前に佐世保鎮守府司令長官心得に転任（その後、佐世保鎮守府司令長官）、また日露戦争時は呉鎮守府司令長官でしたので、両戦争において戦うことはありませんでした。本人も無念であったと思われます。

その柴山と権兵衛の不仲は海軍では有名で、

「権兵衛が種蒔きゃ、矢八がほじくる」

と言われたほどでした。

柴山がそれほど権兵衛を嫌ったのは何故なのでしょうか。そこははっきりしませんが、権兵衛はトントン拍子に出世して中央でリストラを進めるエリート、柴山はひたすら部隊で指揮をとり水兵から人望のある男です。同郷出身でも相容れないのは容易に想像がつきます。

柴山は、日露戦争後の講和条約に憤慨し、伊藤博文総理大臣に意見書を送り付けました。これが海軍省内で問題となります。

「なぜ、大臣のおれに言わないのか」

自分をすっとばされた山本権兵衛海軍大臣は激怒したようです。

その後柴山は海軍大将昇任後、たった四ヶ月で予備役に編入されました。海軍では昇任（プロモート）してすぐに首を切られることを「プロチョン大将」、または転出の際に帽子を振って見送りすることから「帽振れ大将」等と呼んでいたようです。柴山は不名誉なことに「プロチョン大将」の第一号となってしまいました。海軍大将になったとはいえ、役職は与えられないますますぐに退役とは、最後まで屈辱的な人事です。もちろん、その背景には山本権兵衛の意向があったに違いありません。

第21代校長の日高壮之丞
（出典：近代日本人の肖像）

日高壮之丞についてはすでに触れた通り、権兵衛の同郷であり先輩であり海軍兵学寮では同期生でした。

柴山と比べて日高と権兵衛の関係が本当に悪かったのかについては、少し疑問があります。例えば例の海軍の改革の時には、日高は薩摩出身者を多く辞めさせたことについて権兵衛を問い詰めます。しかし、山本は近代海軍を作るには人事刷新が必要としてその意見を却下しました。日高もその決意を聞いて、「よし、その気持ちはわかった。おいどんも力を併せて、海軍の結果に力を貸しもすぞ」と応じます。その後、日高は多くの人に改革の必要性を説いて回りました。

日高は権兵衛に反対することが多かったため、「艦隊派」とのレッテルを張られたのでしょう。史料を読むと私にはこの二人には意見の対立はあるものの、強い信頼関係があったようにも思えます。

日露戦争前に山本は、当時、常備艦隊司令長官だった日高を自宅に呼びつけました。

「(常備艦隊)司令長官を代わってほしい」

「なに。この緊迫した時局に際して、代われとはなんじゃ」

日高は当然納得しません。

「おいに代わるのは?」

「東郷じゃよ」

その名前を聞いた日高はこう答えます。

「山本。そいじゃ、これでおいどんを刺せ」

日高は短剣を抜いて権兵衛に迫ります。

「日高。おはんの言うのも尤もじゃ。しかし、この非常事態には一切の私情は許されん。おはんの勇気はわしもよく知っしょる。じゃが、そのために自負心が強く、いざとなった場合、自分の思うままの戦いをやる恐れが多分にあるのじゃ。万一、口露が戦端を開く場合、艦隊は大本営の厳たる大方針にしたがって動かねばならん。その時、おはんにゃ気に入らぬ命令は退けて行う危険があるのじゃ。

東郷と代わってもらいたいというのはこの為じゃ。

日高、今度の戦はどうしても勝たねばならぬ。そのためには国民全部が、軍も民も問うところはなく、全てが己を殺して勝つために、協力することが唯一の道じゃ。苦しかろうが察してくれ。日高」

権兵衛の説得に日高は短剣を収めて、司令長官の交代を受け入れるのでした。

その後、日高は将官会議等でも東郷平八郎への司令長官交代を支持します。日高は権兵衛といつも意見は対立していましたが、激論を交わした後には権兵衛の支持に回っているところが、柴山とは違っています。

その日高が海軍兵学校長を務めたのは明治二八年（一八九五）七月から明治三二年（一八九九）一月までです。約三年半兵学校長を務めたのは、約五年務めた中牟田の次に長い記録です。その割には、日高の兵学校長時代の記録はあまり残っていませんし、この時代に兵学校で何か大きな変革が起こった事実も伝わっていません。

●中牟田の首を切れ

明治二七年（一八九四）、朝鮮半島で東学党の乱が起こると、半島情勢は一気に緊迫します。日本と清国の戦争は秒読み段階に入りました。

当時の陸軍に川上操六《かわかみそうろく》という男がいました。権兵衛と同じ鹿児島の出身で、二人は造士館《ぞうしかん》という藩校で共に学び、戊辰戦争にも共に従軍する等、古くから親交がありました。川上はすでに陸軍中将、参謀次長の地位にありました。この二人が陸海軍の共同作戦について話し合い、来る清国との戦いにおける陸海軍の共同作戦、役割分担が確定していきます。

この時の海軍軍令部長は中牟田倉之助でした。そう、権兵衛が海軍兵学寮の生徒だった頃の、あの「親分」校長です。権兵衛は中牟田軍令部長に様々な案を進言する立場になっていました。

明治二七年（一八九四）六月、陸軍混成旅団が朝鮮半島に上陸し、戦争準備が着々と進められていました。

その翌日、川上陸軍中将が大山巌陸軍大臣の内意を得て、西郷従道海軍大臣のところにやってきます。

「中牟田軍令部長の進退について希望するところあり」

陸軍は、中牟田軍令部長の態度から、清国との戦争に対して消極的と見ていました。その後、大山陸軍大臣が直接西郷海軍大臣に懇談します。

「現下の時局にあたり中牟田中将の軍令部長にては、内閣諸公及び陸軍首脳部において物足りぬ威を抱くの有様なり。故に樺山中将を以って之に代らしめらるるよう致されては如何。此事は伊藤総理大臣よりも既に貴下にご内諾ありしやとも思うが、急速を要すること に付き、茲《ここ》に貴意を得る次第なり」

なんと海軍軍令部長の人事に陸軍が総理大臣の名前まで使って介入してきたのです。それほど中牟田は陸軍から不評だったことが窺えます。一方、陸軍が指名してきた樺山は、元々は陸軍の軍人で四七歳の時に陸軍少将から海軍少将になった人です。また、西郷海軍大臣も元は陸軍の人です。

すでに陸軍が朝鮮半島に上陸し、日清の開戦は間近に迫っていました。このタイミングで軍令部長を変えろ等とは、いくらなんでも無理な要求です。

この事態に西郷海軍大臣は権兵衛を呼んで意見を聞きました。

「中牟田を代えて、樺山が軍令部に入れば、意見の扞格《かんかく》を生じ、平地に波瀾を起すことが多くなることが懸念されるの状あり」

この意見に対し、権兵衛は答えます。


「海軍の人事に関し陸軍の容喙《ようかい》は面白からず。

然れどもこれは多分今回大本営組織に於いて参謀総長の下に併置する陸軍参謀（参謀次長）と海軍参謀（海軍軍令部長）との均衡上より出でたる特例なるべし。

自分は、中牟田子が兵学頭時代に生徒たり。爾来師父の如く思い居れり。察するに、同子の寡黙なる態度は不知不識の間に内閣及び陸軍側をして斯かる情勢を醸さしめたるものなるべし。然れども、今やすでに斯くの如くんば海陸軍協同策応の円満を図る上に於いて亦更迭の已《や》むを得ざるものあらん。

もし夫《そ》れご懸念の如く樺山子入りて波瀾を起す如く場合ありとするも、海軍大臣と軍令部長との職責は自ら区別あれば其の権域を確然保持せらるるの覚悟あらば何等紛争をきたすことなからん」

なんと、自分の恩師である中牟田を切れとの陸軍の無理な要求を、権兵衛は受け入れたのです。

権兵衛の内心には相当の葛藤があったことでしょう。自分が生徒の時の校長、生涯の恩師を更迭するのですから。しかし、権兵衛はリアリストでした。清国との戦争が避けられない中、陸海軍の共同作戦を成功させるためには、陸軍の要求やむなしと判断したのです。明治二七年（一八九四）七月一七日、中牟田軍令部長を枢密顧問官、枢密顧問官樺山資紀を海軍軍令部長に補する人事が発令されました。

この本の前半部分の主要登場人物だった中牟田倉之助と山本権兵衛の物語はここで終わります。

山本権兵衛はこの後、明治三一年（一八九八）に四七歳の若さで海軍大臣になり、日露戦争集結までの約八年間務めます。そして、大正二年（一九一三）には内閣総理大臣を拝命する等、輝かしい出世街道を歩みますが、前述のシーメンス事件で総辞職に追い込まれ失脚し、その後予備役に編入されました。

前述の権兵衛の天敵であった柴山矢八は、シーメンス事件を受けて次のように語ったといいます。

「権兵衛は吾輩の大嫌いな奴だが、そんな馬鹿なことは断じてない」

頂点を極めた山本権兵衛のあっけない失脚は、彼のライバルたちにとっても不服だったようです。

●海軍教育グランドスラム達成者

この章では海軍兵学校と海軍大学校の二つの教育機関について述べてきましたが、日本海軍にはこの二つの学校の校長を両方務めた将官が七人います。最後にこの七人を紹介します。

まずは中牟田倉之助ですが、海軍兵学寮兵学頭を約五年務めたほかに、明治二五年（一八九二）一二月から約五ヶ月間海軍大学校長を務めています。ただし、これは兼務発令でした。

仁礼景範も明治一一年（一八七八）四月から約一年八ヶ月海軍兵学校長を務めた後、明治二四年（一八九一）六月から約一年二ヶ月海軍大学校長を務めています。前述の通り、榎本武揚海軍卿により一度は兵学校長を更迭されていますが、その後は順調に出世し、海軍大臣、海軍軍令部長等を歴任します。死後、海軍省内に西郷従道、川村純義と共に仁礼の銅像が建てられるほど、日本海軍の功労者として広く認知されました。

その他の五人については、次の通りです。

坪井航三　明治二五年（一八九二）一二月〜海軍兵学校長
　　　　　明治二六年（一八九三）一二月〜海軍大学校長
柴山矢八　明治二六年（一八九三）一二月〜海軍兵学校長
　　　　　明治三二年（一八九九）一月〜海軍大学校長

島村速雄　明治三九年（一九〇六）一一月〜海軍兵学校長
　　　　　明治四一年（一九〇八）八月〜海軍大学校長
吉松茂太郎　明治四一年（一九〇八）八月〜海軍兵学校長
　　　　　明治四三年（一九一〇）一二月〜海軍大学校長
及川古志郎《おいかわこしろう》　昭和八年（一九三三）一〇月〜海軍兵学校長
　　　　　昭和一七年（一九四二）一〇月〜海軍大学校長（兼務）

　中牟田、仁礼、坪井は海軍中将、それ以外の四人は海軍大将まで昇任しました。ただし、中牟田と仁礼の時代には海軍大将はまだいませんでした（最初の海軍大将は西郷従道で昇任年月日は明治二七年〈一八九四〉一〇月三日）から、海軍中将は最高位まで昇任していたことを意味します。また、坪井は海軍中将昇任後、横須賀鎮守府司令長官の時に満五四歳の若さで逝去しています。もし生きていたら、海軍大将にまでなっていたことでしょう。

　さらに島村速雄と吉松茂太郎は海兵七期の同期生で、海軍教育の最高ポストである海軍教育本部長も経験しています。海軍兵学校長、海軍大学校長、海軍教育本部長、この三つの海軍教育ポストのグランドスラム達成者は島村と吉松の二人になります

第三章　束の間の平和

～傑出した兵学校長たち

●軍縮の時代到来

日露戦争後の日本は、明治四三年（一九一〇）の日韓併合、大正三年（一九一四）の第一次世界大戦への参戦、大正七年（一九一八）のシベリア出兵等、その国策は海外へと向かっていきます。第一次世界大戦では、欧州に艦隊を派遣する等、その政策は大きく変化することになりました。

しかし、日本の国運を賭けた日露戦争のような大きな戦争は、しばらく起こりませんでした。そして、第一次世界大戦が終結し、ベルサイユ講和条約が締結されると、世界では不戦ムードが高まります。そして大正九年（一九二〇）に国際連盟が発足し、翌年にはワシントン軍縮会議が開催される等、世界は軍縮の時代に突入していきます。

この流れは昭和六年（一九三一）の満州事変勃発まで続きます。

このような軍縮時代の前後には、傑出した海軍兵学校長が登場します。

本章では、その人たちを紹介することにします。

●海のない米沢が生んだ海軍大将：山下源太郎

米沢藩、現在の山形県南部の米沢市には海がないにもかかわらず、海軍大将が三人、海軍中将が六人も出ています。海軍大将は山下源太郎、黒井悌次郎《くろいていじろう》、そして南雲忠一《なぐもちゅういち》、三人とも米沢藩の藩校「興譲館《こうじょうかん》」を起源に持つ米沢中学の出身です。この「興譲館」は現在も山形県立米沢興譲館高校として存在していて、令和五年度には創立二四七周年を迎えます。現在ある公立高校の中で、最も古い学校です。

なぜ、海のない米沢から多くの海軍の将官がでたのでしょう。まずは、米沢藩では名君と呼ばれた藩主上杉鷹山《うえすぎようざん》の時代に生まれた藩校興譲館を中心に学問が普及し、家格を問わずに向学心の気風がみなぎっていたことが挙げられます。また、明治になってからは藩主であった上杉家からの出資と有志からの寄付により「米沢有為会」という組織を作り、そこから奨学金を優秀な学生に支出する等、早くから教育に関する政策が推進されました。その結果、米沢から海軍兵学校に合格する優秀な人材が生まれていきました。また、海軍もこの時代には藩閥はほとんどなくなり、どこの出身でも平等に出世ができる環境にありました。ちなみに山下源太郎が少将に昇任したのは明治四一年（一九〇八）、この時の海軍大臣は山本権兵衛でした。

山下は米沢中学では終始特待生で、特に英語が得意だったようです。そして、ある英国人教師が「日本海軍は貧弱だ」と言ったことに義憤を覚えたことがきっかけで、海軍兵学校に進むことを決意したといいます。

山下源太郎は、海軍兵学校一〇期として入校、二七名中四番の成績で卒業し、その後は艦隊勤務で経験を積みました。日清戦争では大尉で「金剛」「秋津州《あきつしま》」の砲術長として参戦、日露戦争の時は軍令部第一局の作戦班長を務め、「磐手《いわて》」艦長、第一艦隊参謀長、佐世保鎮守府参謀長等を歴任した後、明治四三年（一九一〇）一二月に海軍兵学校長に任じられました。

まず山下兵学校長は教官の心得を訓示しました。

「躬行《きゅうこう》実践生徒の模範たるべきこと
教授法の研究改善を計ること
他科との連絡に注意すること」

また、着任後の最初の会合の場において、山下は中国の古典『大学』の「日々新又日新」の一説を引用して、

「時代の進運に副うべき精進努力し、日と共に新たなる進歩発展を期せよ」

と述べたといいます。わかりやすく言うと、毎日を新しい日として迎えて、その一日を大事にして進歩するよう努力せよということです。

第27代校長の山下源太郎

山下には、すでに着任した時点で、自らの確固とした教育方針があったように思えます。

山下の実兄山下新力《やましたしんりき》氏は、東京高等師範で学んだ教育者で、新潟県の中学教師になり、最後は彦根高等女学校長を務めた人でした。海軍に進んだ山下でしたが、仲の良かった兄から教育

論について何らかの影響を受けたのではないかと推察できます。

そして山下は、自らが生徒の精神教育において実践の模範を示したと伝わります。いくつかのエピソードを紹介しましょう。

山下校長は休日には複数の生徒を自宅に呼んで、一時間ほど色々な話をしたといいます。そして、生徒たちは山下の子供たちと一緒に遊んだりしたといいます。このような懇談は、講堂での訓示よりも生徒の心に残ったことでしょう。

また、従来教官は官舎に帰って昼食をとっていたのを、事務所で生徒が食べているものと同じ食事をとることにさせました。そして、交代で校長と会食しながら懇談をして、相互の理解を深めるとともに、生徒がどんな食事をとっているかを教官に知らしめ、兵食に親しむ習慣を身に付けさせました。

さらに、毎日早朝行われる総員体操には、山下自ら参加して一五分間の体操を生徒たちと一緒に行いました。また、起床後の生徒の武道稽古の際には欠かさずに巡覧したといいます。

短艇競技と小銃射撃のみにしかなかった優勝旗の制度に、柔剣道、相撲、水泳を加えたのも山下です。

山下は、かつての島村速雄校長と同じように、教官や生徒との距離感を近くし、より親密な関係構築を図ろうとし、また生徒の視点で様々な改革を行っていたことがわかります。それは、休日の生徒との懇談や、教官との昼食等によって、彼らの実情や本音を知っていたからでしょう。

●「よいことならやろう」主義

山下が発する言葉は、簡潔でわかりやすいものでした。教官が授業に関して、「教育上そうしたいのですが、なんせ予算がありませんので」と言うと、

「**それがよいということなら、やろうじゃないか**」

と答えたといいます。

また、ある砲術教官が、新入生徒が入る前に、まず教官に対して教授法を教育するとし

て、練兵場において教官の訓練をしていると、山下校長が現れて

「これはよいことだ。水雷科、運用科でもやったらいいだろうね」

と大いに賛意を示しました。しかし、自ら他科にこれを強要することはせずに、あくまで教官の自啓自発に任せたといいます。

また、当時兵学校の構内には私設の「従道小学校《じゅうどう》」があり、兵学校長が代々校長を兼ねていました。山下校長の時には幼稚園児から尋常六年まで六、七〇人ほどの生徒がいたといいます。この学校の経費が不足していて施設が老朽化していたのですが、山下校長の時代に裁縫室の改築、幼稚科及び雨天体操場を新築し、職員と生徒たちは大いに喜んだといいます。これも「よいことならやろう」という山下の強い方針があってできたことでしょう。もちろん、山下はどこかから予算を獲得してきたのだと思います。ただ言うだけではなく、それを実現する努力も怠りませんでした。

この従道小学校で、子供たちに水泳を教えたらどうかと先生の間で議論になりました。

しかし、児童の生命にも関わる心配もあるので、先生の間では躊躇する声がありました。しかし、山下校長は、「よいことならやろう」主義を貫いて、児童の水泳教育を始めることにします。そして、山下はその指導者として、兵学校の水泳指導者であった野島流家元の多田一郎《ただいちろう》氏や、兵学校の教授陣をこの水泳指導に当たらせる等、万全の体制をとり、夏期休暇中の二、三週間をこの児童への水泳教育に当てました。ここでも実現のために、山下校長自らが汗をかいたことが窺えます。

また、山下は当時まだ水道や街灯がなかった教官の官舎に、古鷹山《ふるたかやま》からの渓流を引いて水道を設置し、さらに水力発電により電気を起こすこともやりました。きっと、教官たちが、校長との懇談の中で生活の不便さを訴えたのでしょう。

山下は、「必要で正しいことは何か障害があっても実行する」という方針を「よいことならやろう」というわかりやすい言葉、今風に言うと「ワンフレーズ」で職員や生徒に示しました。そして、それを実現するための自らの努力も怠りませんでした。

山下校長の時代、当時の兵学校生徒に「自分の尊敬する人物」を書けという題目に対し、「山下校長」と書いて答案を出した生徒が相当いたと伝わります。また、当時の生徒で太平洋戦争終結前に終戦工作に従事した高木惣吉少将(この人に関しては第四章で述べます)

は、「両手をいつも体から三〇度ぐらい斜めに離しておごそかに歩く、君子の結晶したような武人であった」と述懐しています。教授や生徒にとって、非常に頼もしく尊敬する校長であったようです。

山下は、この従道小学校での講演で、次のように語りました。

「自分が正しいと思った事をおやりなさい」

これこそが、山下自身の信念だったのでしょう。そして、山下はついに自分の信念に基づいて、大きな事業を成し遂げます。

●軍艦を売って、大講堂を建設

山下校長より前の明治三八年（一九〇五）から、海軍兵学校に精神教育の大道場ともいうべき大講堂建設の具申が毎年海軍省に提出されていました。この時の兵学校長は富岡定恭という人です。海軍兵学寮を首席で卒業し、海軍兵学校の教頭や練習艦隊司令官も務め、最後は海軍中将になった人です。この案は、百六〇坪の木造二階建てで予算は約一万六千円でした。現在の価値でいうとざっと三億円程度でしょうか。

しかし、その後三代の校長に亘って上申されたものの、大講堂建設は実現しませんでした。山下校長は、ここで大講堂建設の実現に乗り出したのです。

「よいことならやろう」主義です。

しかし、今回は小学校の裁縫室や雨天体操場を新築するのとは規模も予算も桁違いです。

しかし、山下は本気でした。

「海軍兵学校は、海軍の首脳たるべき将校を育成する揺籃《ようらん》にして、軍人精神の涵養の源泉なり。

兵学校建築物の現状は、全生徒を一か所に集め得るべき広館なく、すなわち全員に亘りて講話、式典を行わんとする場合に際し毎々不便を感す。早晩一大講堂の建営を得て、その処に勅諭を奉読し、その処に各種の典儀を挙げ、その処に講話を行い、以って精神教育上の発展を期待せんと欲する」

山下はなんと原案の規模をさらに拡大して、設計を呉海軍経理部建築課長神谷技師に依頼し、必要経費を二三万円として、海軍省に再提出したのです。一万六千円の予算で毎年却下されていたものを、その一五倍近い予算で再提出するとは驚くほかありません。

山下の熱い想いに応えて、海軍省はこれまでの倍以上の数万円の予算をつけることとしました。

ところが、山下はこの海軍省案を却下するのです。

「わずか、四、五万の予算で一時的なものを造るのは面白くない。大講堂は我が海軍伝統の精神とともに、少なくとも百年不朽のものにしたい。兵学校の念願を達するまで待つに如かず」

中途半端なものを造るのではなく、百年先まで持つような立派なものを造るまでいつまでも待つべきだと言うのです。まさに正論でした。

海軍省から折衷案を持って江田島に来ていた担当者は、顔面蒼白になったことでしょう。すぐに帰京して、山下の意思を海軍次官に伝えます。

山下の熱意に、時の海軍大臣、海軍次官も動きます。

そして、ついに海軍省は、「愛宕《あたご》」、「鳥海《ちょうかい》」、「摩耶《まや》」、「鎮遠《ちんえん》」（この艦は、日清戦争で戦利品として鹵獲《ろかく》したものです）等の古い軍艦を売却し、その売却額による大講堂建設予算二七万円を支出することについて大蔵省の合意を得たのです。今の価値で言えば五〇億円以上です。

古い軍艦を売って、その資金で大講堂を建設するという「裏技」により、ついに山下の悲願は成就したのです。

明治四五年（一九一二）四月、当時の海軍大臣斎藤実から、呉鎮守府司令長官加藤友三郎への訓令により、大講堂建設の新築工事が施工しました。そして、大正六年（一九一七）四月についに大講堂は完成します。建設に五年を要しましたので、完成した時にはすでに校長は野間口兼雄《のまぐちかねお》に代わっていました。

「百年不朽の大講堂を造る」という山下の念願通り、大講堂の完成からすでに百年以上が経過し、途中に数度の改修工事を経ながら、現在も大講堂は江田島の地に建っています。全体が石造でギリシャ風のオーダー柱に鉄の扉、内部は中央にステージと下座があり、荘厳な雰囲気を醸し出しています。太平洋戦争後に米軍が江田島を接収すると、一時的にこ

1917 年に完成した「大講堂」

の大講堂はダンスホールや教会として使われたといいます。玉座にマリア像が置かれた光景をもし山下が見たら、憤慨したことでしょう。

その後、この大講堂は海上自衛隊に帰属することになり、今も海上自衛隊幹部候補生学校の入校式や卒業式が行われています。また、テレビドラマ「坂の上の雲」では、兵棋演習の場面でこの大講堂が使われました。この大講堂は見学コースにもなっていますので、海上自衛隊第一術科学校に申し込めば誰でも見ることができます。

海軍兵学校時代には、大講堂の入り口に山下源太郎の胸像が設置されていたといいます。しかし、私が幹部候補生学校にいた頃にはすでに胸像はなくなっていました。

山下はその後、佐世保鎮守府司令長官や軍令部長等の要職を歴任し、海軍大将に昇任します。部下からも尊敬され、その人生は順風満帆だったかといえば、残念ながらそうではありませんでした。

山下には四人の男子がいましたが、次男と四男は零歳の時に病死してしまいます。そして、三男は小学校三年の時に、飯島《いいじま》という海軍大尉にナイフで喉を切られて殺されてしまいます。飯島が片目を失明したことを逆恨みして殺害に至ったとの説がありますが、はっきりしたことはわかっていません。山下が佐世保鎮守府司令長官の時のことです。三男の死後、山下は佐世保市内の亀山八幡宮の入口付近に小さな公園を寄付し、佐世保市はここに山下長官の三男の慰霊目的で記念碑を建てました。あまり目立ちませんが、記念碑は現在もその場所に「児童遊園」という名前で建っています。そして唯一成人した長男も二五歳の時に病死してしまい、山下家の男子はいなくなってしまいました。

そこで山下は養子に海兵四〇期の知彦《ともひこ》という男を迎えますが、この知彦が問題児でした。彼は海軍兵学校を三〇番の成績で卒業し、順当に出世していきますが、思想としては艦隊派、陸軍皇道派に傾いていきます。ロンドン軍縮会議に随員として出席した後に財部《たからべ》彪《たけし》海軍大臣の殺害を企図したり、対立する条約派の追放に加担したり、五・一五事件の首謀者に同情して若手幹部を集めて同事件を肯定する会合を主導したりと、その行動は極めて危険な方向に向かっていきました。そして二・二六事件後についに予備役に回されます。

山下の海軍における輝かしい功績に対して、山下の子供たちの人生はあまりにも悲劇的でした。

山下は大正三年（一九一四）三月に校長を退任、その後は有馬良橘《ありまりょうきつ》（手旗信号の発明者です）、野間口兼雄と、後に海軍大将になる二人が校長職を引き継ぎます。

●日本海軍が生んだ逸材：鈴木貫太郎

若い頃に半藤一利氏の小説「日本のいちばん長い日」を読み、終戦前後の様々な人たちの信念や葛藤に感動を覚えました。この有名な小説は二度映画化され、平成二七年（二〇一五）のリメイク版では、山崎努《やまざきつとむ》さんが終戦時の首相鈴木貫太郎を演じました。山崎さんの演技はとてもすばらしかったと思います。

実際の鈴木貫太郎も、きっとこのような人だったのでしょう。

鈴木は、関宿《せきやど》（現在千葉県野田《のだ》市）藩士の家に生まれ、関宿町から前橋に転居、その後攻玉社を経て海軍兵学校に一四期生として入校しました。この期は最後の築地時代の卒業生ですから、鈴木は江田島で学んだことはありません。任官後は水雷(機雷や魚雷等の総称)部隊で活躍します。日清戦争では第六号艇艇長として威海衛《いかいえい》の戦いに参加、日露戦争でも第五駆逐隊司令として参加し、ロシアの軍艦を撃沈する等、大きな戦果を挙げます。戦後も海軍大学校で水雷戦術について研究し、その戦術を確立させました。終戦時の総理大臣のイメージが強い鈴木貫太郎ですが、元々は水雷のエキスパートだったわけです。

明治四二年（一九〇九）に鈴木は二等巡洋艦「宗谷《そうや》」の艦長に補されました。この宗谷は、鈴木の同期生である佐藤鉄太郎大佐が艦長を勤める一等巡洋艦「阿蘇《あそ》」と共に練習艦隊に属する艦です。同年一一月、海軍兵学校の卒業式が終わると約一八〇名の少尉候補生を乗せた練習艦隊は、国内巡航を経て翌年二月に南洋諸島・豪州方面の遠洋航海に出発しました。

第30代校長の鈴木貫太郎

練習艦隊ではシンガポールから香港までの航海中に筆記試験がありました。その結果、鈴木の「宗谷」の候補生の成績は、佐藤の「阿蘇」の候補生の成績に比べてかなり悪かったようです。しかし、鈴木はこう言いました。

「軍人としての評価は半年や一年の訓練の後のペーパーテスト等で決められるものではない。十年二十年後の実績を見て初めてわかることだ。自分はその様な将来を見越して議論より実践を重んずる教育をしてきたつもりだ」

鈴木は座学よりも艦上での経験、勤務態度に重点を置く訓練を一貫として行いました。そして、艦長が細かく口を出すのではなく、尉官級の若い指導官に実際の指導は任せました。この時の「宗谷」には、山本五十六《やまもといそろく》や古賀峯一《こがみねいち》等、その後将官になった人がたくさん乗っていました。

鈴木自身が候補生たちに伝えたかったのは、艦の運航や当直勤務のことではなく、将来を見据えた海軍将校としての指針でした。それを鈴木は、「奉公十則」として示したのです。

「奉公十則
一、窮達《きゆうたつ》を以って節を更《こ》ふべからず
一、常に徳を修め智を磨き日常の事を学問と心得よ
一、公正無私を旨とし名利の心を脱却すべし
一、共同和諧を旨とし常に愛敬の念を有すべし
一、言行一致を旨とし議論より実践を先とすべし
一、常に身体を健全に保つ事に注意すべし
一、法令を明知し誠実にこれを守るべし、自己の職分は厳にこれを守り他人の職分はこれを尊重すべし
一、自己の力を知れ、驕慢《きょうまん》なるべからず
一、易き事は人に譲り難き事は自らこれに当たるべし
一、常に心を静謐《せいひつ》に保ち危急に臨みてはなお沈着なる態度を維持するに注意すべし

以上」

この時に鈴木の薫陶を受けた候補生の中には海兵三七期の井上成美と草鹿任一、小沢治三郎《おざわじさぶろう》らがいました。井上と草鹿は後に海軍兵学校長、そして小沢と草鹿は海軍中将、井上は海軍大将になります。鈴木の教えは「宗谷」乗り組みの尉官であった山本五十六や古賀峯一、候補生だった井上成美、草鹿任一らに強い影響を与えたのではないでしょうか。

航海中の試験成績では鈴木の「宗谷」乗り組みの候補生は「阿蘇」に負けましたが、このクラスで後に将官になった者の四分の一が「阿蘇」乗り組み、四分の三が「宗谷」乗り組みだったといいます。まさに鈴木が「一〇年二〇年後の実績」と言ったとおりになったわけです。

鈴木は、大正元年（一九一二）に妻とよを三三歳の若さで失う等、私生活では不幸に巡り合いますが、その後も軍人としては順調に出世し、海軍次官や練習艦隊司令官を歴任します。

●国際情勢と「武士道」教育

大正七年（一九一八）一二月、鈴木は海軍兵学校長に就任しました。着任の約一ヶ月前、欧州で第一次世界大戦の休戦協定が調印されました。鈴木は着任後の訓示で国際情勢に触れながら、次の通り述べています。

「今世界の大勢上より観察せば、この大戦の終結を期して世界の永久平和を講ぜんとする希望は万人の等しく抱くものなることは争うべからざる事実なるべし。しかしてその趨勢として国際連盟軍備縮小等の問題は必然緊要事項として論議せらるるに至るべし。この時に当たり果たして軍備縮小または制限は事実可能なりや。吾人は現世界の状況より考察して軍備は益々拡張すべきし。決して縮小すべきに非さるを確信するものなり。（中略）

宰相ロイド・ジョージ氏は今回の大戦に鑑み断固として海軍軍備の大拡張を天下に宣言せしに非ずや。また、ルーズベルト氏、ウィルソン氏の如きは『世界海上交通を安全に保有せざるべからず。列国の交通線を安全ならしめんには米国は大海軍力を有せざるべからず』と言えり。この如く世界の二大強国にして既にかかる意志を天下に表明するに於いては、その他の列国は自らまた自衛防御の必要上英米に対し大海軍力を維持せざるべからざるは当に理の然らしむるところなるべし。翻《ひるがえ》って我が帝国海軍力の程度を顧みれば頗《すこぶ》る寒心に堪えざるものあり」

世界大戦終結間もない頃から、すでに鈴木は台頭する二大海軍国である英国と米国に対抗する海軍力を保有する必要性を主張しています。

またこの時代に世界的に普及した民主主義やロシア革命により拡散しつつあった共産主義思想等の外来思想から、日本古来の思想を守る必要性も語っています。

「かかる問題は二十年五十年位毎に湧出するものにして、現今の情況は一時的多少の悪影響を来すやも計られざれども、将来却て思想上の良薬ともなることあるべし。ただし、現今の思想がわが国古来伝統の国民思想を打破するものとせば、吾等護国の任

に当る者は奮然之を破滅せざるべからざるも斯かる憂慮は更に要せざるべしと信ず」

鈴木は、世界大戦の終結や国際連盟の創設提案等、世界全体が平和を享受する中でも、冷静に日本の将来を分析していました。

鈴木は山下源太郎と同じように休日に生徒を官舎に呼んで、色々な話をしていたようです。その中で鈴木は、あることに気づきました。

「生徒が私の宅に来て話す間に歴史の事を尋ねてみますと誠に当時の中学校の教育に欠陥がある。歴史の知識が欠乏している。特に日本の歴史がそうだ。これでは国民の精神を振作する上に面白くない」

そこで鈴木は、兵学校の教育に「武士道教育」を導入することを決めました。

鈴木は橘親民という文学士出の教授にお願いして歴史から武士道発達の調査をしてもらい、生徒に講義をしてもらいました。

また徳育についても、広島の高等師範学校の校長を勤めていた吉田賢龍《よしだけんりゅう》という人に依頼して、毎週一回生徒に講義をしてもらいました。

当時は、大きな戦争のない大正デモクラシーの時代。自由主義的な思想、西洋文明崇拝の思潮が、国民の間で浸透していました。鈴木はそのような時代の中で、兵学校の生徒に海軍としての専門的な思考に入る前に、しっかりと日本国民としての歴史等を教え込む必要性を感じたのでしょう。

歴史を学ぶこと、特に日本古来からの武士道を生徒に学ばせることを、鈴木は校長としてまず行いました。

●鉄拳制裁の禁止

大正八年（一九一九）八月の始業式で、鈴木は次のように訓示しています。

「本日入校すべき生徒に対する指導法につき訓示せんとす。

諸子は本日入校すべき生徒に対しては、古参生徒なるが故に万事彼らの日常の行為

に注意し、常に活模範を示すことを務め、かつ丁寧懇切にこれを指導し、決して手荒き鉄拳制裁等を用いるべからず。そもそも鉄拳制裁は日本将校として最も排斥すべき行為なり。かつて英米の軍隊において盛んに制裁法行われたることありたるも、現今に至りその乱暴なることを悟り、米国大統領は訓令を発してこれを禁止せる例あり。察するにかくのごとき悪習いつしか彼の国より我が国に伝来せるものなるべし。下級生徒に対し、手を出さんとする時、これを抑制するはその人にとりて一の修養となるべし。要するに下級生徒の指導については、萬遺算なからんことを望む」

新入生が入る前に、校長自ら鉄拳制裁禁止を訓示するということは、当時の兵学校でこのような体罰が日常化していたことの証左でしょう。同年一二月には、「鉄拳制裁禁止」が校長からの告示として正式に発せられました。

鈴木が体罰禁止にこだわったのには、理由があったようです。

鈴木は、大正六年（一九一七）に起こったロシア革命のきっかけは軍隊での反乱にあり、その反乱が起こったのは将校による兵士への殴打という暴行の慣習化にあった、一方日本の武士道には鉄拳制裁に類する下級者への暴行が訓育として認められていたことはないと考えていました。

鈴木にとって「武士道教育」と「鉄拳制裁の禁止」は、軍隊における規律を維持するためにも絶対にやらなければならなかった事でした。

しかしその後、鈴木自身にその反乱の暴力が向けられることになるとは、この時は誰も思わなかったでしょう。

●たかとの再婚と四発の銃弾

大正四年（一九一五）、鈴木は足立《あだち》たかという女性と再婚しました。たかは東京女子高等師範学校（現在のお茶の水女子大学）を卒業後、母校の幼稚園で保母をした後、菊池大麓《きくちだいろく》東大教授の推薦により、皇孫御用掛として裕仁《ひろひと》親王、後の昭和天皇の幼少の頃の教育係を務めていた人です。

もしかしたら、足立たかとの再婚が、鈴木と昭和天皇との縁を結びつけたのかもしれません。

大正九年（一九二〇）一一月一六日、皇太子裕仁親王が海軍兵学校に行啓しました。当時兵学校には、高松宮宣仁親王《たかまつのみやのぶひとしんのう》、華頂宮博忠王《かちょうのみやひろただおう》、久邇宮朝融王《くにのみやあさあきらおう》が生徒として在学していました。この時に裕仁親王はまず三人の皇族と面会した後、鈴木校長から兵学校教育の現状について説明を受け、教育の現場を巡覧されています。

この時が裕仁親王、後の昭和天皇と鈴木貫太郎の出会いでした。

裕仁親王は、この時に鈴木夫人となっていた元教育係のたかとも会っています。

大正一二年（一九二三）、鈴木は海軍大将になり、翌年連合艦隊司令長官、大正一四年（一九二五）に海軍軍令部長に就任します。

そして昭和四年（一九二九）、昭和天皇の強い希望により、鈴木は予備役になり侍従長に就任します。あの江田島での出会いや夫人のたかの事が昭和天皇の記憶に強く残っていたのでしょう。鈴木は昭和天皇の話し相手として信頼を高めていく一方で、艦隊派や陸軍の皇道派からは「君側《くんそく》の奸《かん》」として憎まれていきます。

なぜ、鈴木は「君側の奸」と見なされたのでしょうか。ロンドン海軍軍縮条約（補助艦の保有数制限に関する条約）批准に賛成の立場を取っていたことや、張作霖《ちょうさくりん》爆殺事件に関して昭和天皇が陸軍出身の田中義一《たなかぎいち》首相を厳しく叱責した際に、侍従長として何もしなかったこと等がその理由だったと考えられています。

昭和一一年（一九三六）二月、ついに陸軍皇道派の青年将校たちは、決起してクーデターを起こします。二・二六事件の勃発です。

反乱部隊は首相官邸をはじめ政府の主要な建物を占拠します。そして、鈴木の住む侍従長官舎にも反乱部隊は押し寄せ、鈴木は頭、肩、胸、股に四発の銃弾を受け瀕死の重傷を負います。兵学校長時代に鉄拳制裁を禁止した鈴木は、その暴力の犠牲者となったのです。

その時、抑え込まれていた妻のたかが絶叫しました。

「お待ちください。老人ですから、とどめは止めてください。どうしても必要なら私がやります」

このたかの捨て身の言葉が、事態を動かしました。

この現場に首謀者の一人、安藤輝三《あんどうてるぞう》陸軍大尉が入ってきました。とどめをさそうと喉元に銃をあてがっている下士官に、「それはやめろ」と制止し、執銃時の敬礼である「捧げ銃」の号令を下します。

「われわれは閣下に対しては何の恨みもありません。ただ吾々の考えている躍進日本の将来に対して閣下と意見を異にするがために、やむを得ずこういう事にたち至ったのであります」

そして、安藤と反乱部隊は引き上げていったのです。

この安藤ですが、事件の二年前に鈴木を訪ねたことがありました。三〇分の面会時間でしたが、鈴木は安藤の熱意に応じて、食事を共にしながら三時間も懇談しました。安藤が鈴木にとどめを刺さなかったのは、この事が影響していた可能性があります。

「もう賊は逃げたかい」

気丈にも、鈴木は血だらけになりながらそう言いました。そして、駆け付けた宮内大臣の湯浅倉平《ゆあさくらへい》に対して、

「私は大丈夫です。陛下にどうかご安心下さるよう申し上げてください」

と告げたといいます。

鈴木のこの時の冷静沈着な態度を見ると、彼が「宗谷」艦長だった時の「奉公十則」の最後の一節が思い出されます。

「常に心を静謐《せいひつ》に保ち危急に臨みてはなお沈着なる態度を維持するに注意すべし」

しかし、日本医科大学に運ばれた鈴木の容体は、「大丈夫」ではありませんでした。出血多量により意識を失い、ついに脈が止まりました。

枕元で絶叫する妻たか。

懸命に蘇生処置を行う医師。

たかの声が届いたのでしょうか。そこに奇跡が起こります。鈴木は息を吹き返したのです。それは、鈴木にまだ果たすべき役割があったからなのかもしれません。

この二・二六事件が起こった時、横須賀鎮守府の海軍が直ちに動きました。この時の横須賀鎮守府参謀長は井上成美、鈴木が「宗谷」艦長の時に薫陶を受けたあの井上です。井上は、陸軍が反乱を起こしたとの情報を得ると、すぐに非常呼集を命じて、軽巡洋艦「木曽《きそ》」と特別陸戦隊一個大隊を準備させました。その後、海軍省との調整により最終的に特別陸戦隊四個大隊が東京の海軍省に派遣されました。

井上の判断は適切かつ迅速でした。しかし、この時にかつての艦長である鈴木が凶弾に倒れていたとは、想像もしていなかったことでしょう。

二・二六事件では、高橋是清《たかはしこれきよ》大蔵大臣や斎藤実内大臣、松尾伝蔵《まつおでんぞう》総理秘書官（岡田啓介首相と勘違いされて殺害されたと言われます）、渡辺錠太郎《わたなべじょうたろう》教育総監の四人が殺害されました。その他にも警察官五名が殉職、一名が重症を負っています。

二・二六事件の反乱部隊は鈴木に銃弾を浴びせた安藤の他一五名が死刑、その他多くの兵士が無期禁固刑等に処されました。

●もう他に人はない

鈴木は海軍兵学校長の頃、次のように語っていました。

「軍人は軍人で、御勅諭のままに専心本文を尽くして行くばかりで他の問題には顔を向けない。軍人が政治問題等に頭を突っ込むのは二心を抱く様なもので、ただ皆が東郷さんになれ、精神さえ東郷さんなら、一兵卒でもかまわない」

軍人は政治に関わってはいけない、それが鈴木の信念でした。

しかし、情勢はそれとはまったく違った流れに傾いていきます。

昭和一六年（一九四一）一二月、日本はついに対米参戦します。しかし、最初の半年までは戦果を挙げますが、その後の経過はみなさんご承知の通りです。

戦況の悪化を受けて昭和二〇年（一九四五）四月、重臣会議は鈴木を総理大臣にすることを決定しました。

それを受けて昭和天皇は鈴木を呼び、組閣の大命を下します。

「卿に組閣を命ずる」

しかし、鈴木は軍人として政治に関わらないという信念がありました。

「聖旨洵《まこと》に畏れ多く承りました。唯、このことは何卒拝辞のお許しをお願い致したく存じます。昼間の重臣会議でも頻《しき》りにこのことを承りましたが、鈴木は固辞したところでございます。鈴木は一介の武人、従来政界に何の交渉もなく、また何等の政見も持っておりません。鈴木は軍人は政治に干与《かんよ》せざることの明治天皇の聖諭をそのまま奉じて、今日までのモットーとして来て参りました。聖旨に背き奉ることの畏れ多きは深く自覚致しますが、何卒この一事は拝辞の御許しを願い奉ります」

なんと、鈴木は組閣の命を固辞したのです。

しかし、昭和天皇の決意は揺るぎません。

「鈴木がそう言うであろうことは、私も想像しておった。鈴木の心境もよく分かる。然し、この国家危急の重大時機に際して、もう他に人はない。頼むからどうか枉して承知して貰いたい」

この昭和天皇のお言葉には、鈴木に対する並々ならぬ厚い信頼を感じます。天皇陛下から「頼むから、承知してほしい」と言われた時の鈴木の心境は、とても複雑であったことでしょう。

鈴木の「奉公十則」には、次の一節があります。

「易き事は人に譲り難き事は自らこれに当たるべし」

政治に関わらないという信念とともに、困難なことは自ら当たる、これは鈴木が「宗谷」艦長時代に候補生に訓示していたことでもありました。

ついに鈴木は総理大臣になることを受諾します。この時の鈴木は満七七歳でした。そして、鈴木は首相として昭和天皇を支えつつ、終戦への流れを作りました。

鈴木の生涯を概観すると、彼が艦長時代に候補生に示した「奉公十則」、そして兵学校長時代に生徒に語った言葉を自らの理想として、それに基づいて行動していたように感じます。自ら言ったことを実行する、それは決して簡単なことではありません。鈴木はまさに言行一致の人でした。

このことも鈴木の「奉公十則」に書いてあります。

「**言行一致を旨とし議論より実践を先とすべし**」

それゆえに、鈴木貫太郎は日本海軍が生んだ最高の人材だと私は思うのです。

●「真面目」校長：谷口尚真

いつの時代にも「くそ真面目」な人はいるものですが、鈴木貫太郎の二代後に兵学校長になった谷口尚真《なおみ》という人には、「真面目すぎる人」、「堅物」という逸話が多く伝わります。

谷口が第二艦隊司令長官時代、あまりにも真面目すぎる谷口に、参謀長の米内光政《よないみつまさ》が色紙に短歌を書いて、谷口に渡しました。

「河の水　魚棲むほどの　清さかな」

『漢書』に「水清ければ魚棲まず」という言葉があります。川の魚はあまりきれいな水では棲めない、少し濁ったくらいの水の方がよいということから転じて、あまりに潔白、真面目すぎると、人から好かれないという意味です。

米内は、「長官、あまりに真面目すぎますので、たまには冗談の一つも言ってください」ということが言いたかったのだと思いますが、谷口は笑って「ありがとう」と受け取ったそうです。

その後も、谷口の真面目さが変わることはありませんでした。

谷口は広島県出身の海兵一九期、明治三八年（一九〇五）から約四年間アメリカ公使館付武官を務めた国際派です。

その谷口が海軍兵学校長になったのは、大正一二年（一九二三）四月でした。

谷口は着任時の訓示で、

「余は本校の江田島開校されたる時の最初の生徒なり。自身にては気付かざりしも昨日千坂《ちさか》智次郎《ちじろう》前校長よりのご注意により顧みれば江田島に於いて教育せられたる生徒より出でたる最初の校長にして、この意味より言えば最も若年の校長と言い得るなり」

と述べています。ついに江田島で学んだ期が兵学校長になったのです。

谷口の校長としての考え方は、この時の訓示によく表れています。当時は軍縮の時代でしたが、このような時代だからこそ教育が重要なのだと説いています。

「世界の大勢は諸子の知れるが如く、軍備制限の結果国防の完備を数に求むること能わずして之を質に求めんとするの状況にあり。すなわちその質の上に於いて立派なる軍人を造ることに依り始めて国防の完備を期することを得るなり。彼の英海軍は一人の『ネルソン』を出した為に今日の盛大を来し世界隋一の強海軍国と称せらるるに至りたると同じく、我海軍は東郷元帥を出して彼の日本海海戦の偉大なる戦功を収め帝国をして一躍して世界の大海軍国に匹敵せしめたり。故に海軍の消長は数にあらずして質にあり、物にあらずして人にあり。而してその人を作るは実に兵学校の使命なり」

また、谷口は、校長自ら一人の教官であるということも言っています。谷口は、生徒の指導に自ら積極的に関わっていたようです。

「余は一面に於いて校長なるも、他の一面に於いては又一個の教官なりと信ず。然るが故に、余は教官としての立場により、余の信ずる処を遠慮なく機会を得る毎に語らんと欲す」

第32代校長の谷口尚真

谷口の着任後の大正一二年（一九二三）九月一日、関東大震災が起こります。海軍では、東京の海軍大学校、海軍経理学校、海軍軍医学校等が焼失または破損の被害を受け、横須賀鎮守府では司令部、海軍工廠、海軍病院、海兵団、港務部、海軍砲術学校、海軍水雷学校、海軍機関学校、防備隊、航空隊、軍法会議所、海軍刑務所等は殆ど焼失及び倒壊による被害を受けたと記録にあります。

谷口は、校舎が全焼した海軍機関学校の教育を継続させるために、機関学校の江田島一時移転を受け入れます。海軍機関学校は約二年間、江田島で教育が行われました。その後、大正一四年（一九二五）に海軍機関学校は新たに舞鶴に建設され、江田島での機関学校教育は終わります。

谷口は、生徒館の機関学校が使っていたスペースが空いたことを活かして、その部屋に戦死者名碑や殉職者の遺品、訓育資料等を展示した教育参考館を開設しました。この

1936年に完成したギリシャ建築風の教育参考館

部屋にはペリー艦隊が父島入港時に使用した弾丸や、英海軍の軍艦「ビーグル号」を購入して、築地の兵学寮で練習鑑として使われた「乾行」の船体の一部、薩英戦争で英鑑が発射した砲弾等も展示されていました。

また、大講堂に設置されていた山下源太郎の胸像も、この時代には教育参考館に展示されていました。

やがて、立派な教育参考館を海軍兵学校の敷地内に建てようとする運動が盛り上がり、兵学校の卒業生の積立金と一般企業からの寄付により、昭和一一年（一九三六）に現在の教育参考館が完成します。今見てもすばらしいギリシャ建築風の立派な建物に、約一万六千点の資料を保存し、その内の約千点を展示しています。
現在の教育参考館には、吉田松陰や勝海舟、秋山真之らの書、戦艦陸奥の御紋章、特殊潜航艇とその遺品、坂本龍馬の小具足と写真、特攻隊員の手紙等の他、第一章で触れた山本権兵衛の靴下と裁縫道具も展示されています。元々は谷口の開設した生徒館内の教育参考館が起源でした。この教育参考館も見学コースに入っているので、海上自衛隊第一術科学校に申し込めば誰でも見ることができます。

谷口の生徒に対する講話は、実に教養に満ちたものでした。例えば、ルーズベルト大統領の訓示の話（ルーズベルト大統領が米国東洋艦隊司令長官エバンス中将に送った簡潔な訓令『朝起床した時よりも、毎晩の就寝前のわずかな時間の時に戦闘指揮能力はより向上することを肝に銘ぜよ』の話）や、南極大陸を横断した冒険家シャックルトンの話（アムンゼンの南極点到達後、探検家のシャックルトンは南極大陸横断を目指すが、遠征中流氷に閉じ込められて船が破壊される中、救命ボートで嵐の中脱出した話）等は、今読んでも非常に面白い話です。谷口はこれらの逸話を原書で読んでいました。また、訓示の中では「コミットメント」、「アップ　ツー　デート」、「イニシエチーブ」等、英語が多く使われていますので、聞いている生徒はもしかしたら理解が困難だったかもしれません。谷口校長は、幅広い教養と高い語学力を持った人でした。

谷口は離任時の訓示で、前述の南極探検家シャックルトンの話をするのですが、そもそも離任の訓示でこんな話を長々とすること自体が前代未聞です。しかし谷口は訓示の最後をこう締めくくっています。

「永々しく話して来たが、私の講話は以上を以って終わりとする。始めにも述べた如く別辞としては或は要領を得ないかも知れぬが、この講話の中には種々の訓示が含まれていることを克く諒解してもらいたい。これ即ち別辞たる所以である。願わくば諸子は今後倍体力を鍛錬し勇壮邁進、自己の天職を全うせよ。畏るるなかれ。正を履んで畏れず進んで難に赴き責任を回避する勿れ。

シャックルトン曰く、

『忍耐せよ。忍耐は成功の母である。大なる愛国者となれ。小なる愛国者となる勿れ。而して之を一貫して努力せよ』

さらば諸子。諸子の健康を祈る」

なお、谷口の校長退任後には、白根熊三《しらねくまぞう》が兵学校長に任命されています。

●ブチ切れる東郷平八郎

谷口は、昭和五年（一九三〇）六月に海軍軍令部長に任命されました。この年の四月にロンドン海軍軍縮条約が署名され、その批准を巡って日本海軍内部は二派に分裂していました。いわゆる「艦隊派」と「条約派」の対立です。

艦隊派は海軍の皇族伏見宮博恭王《ふしみのみやひろやすおう》と海軍の重鎮東郷平八郎を担いでロンドン軍縮条約に反対し、やがてこれは統帥権干犯問題（ロンドン軍縮会議の政府回訓決定が天皇の統帥権を侵害するものとして、軍部と野党政友会が糾弾した問題）という政治問題へと発展します。

これに対し条約派には、ロンドン軍縮会議の日本政府全権だった財部彪、堀悌吉《ほりていきち》、山梨勝之進、左近司政三《さこんじせいぞう》そして谷口尚真も条約派を代表する一人でした。他にも米内光政《よないみつまさ》や井上成美も条約派側の考えでした。
谷口の考えは一貫していました。

「英米と戦わず」

元来真面目な谷口ですから、ぶれることはありません。こんな男が海軍の作戦の責任者である海軍軍令部長になったのですから、艦隊派は全力で谷口を潰しにかかりました。ちなみに谷口の前任者は加藤寛治《かとうひろはる》、艦隊派を代表する人です。

艦隊派はここで、海軍の重鎮であり伯爵、元帥になっていた東郷平八郎を利用します。谷口はロンドン条約批准の承認を得るために、東郷邸を訪れました。東郷は当時八二歳、天皇の諮問機関である軍事参議官会議のメンバーでした。谷口は、東郷が英国王ジョージ五世の戴冠式に出席するために渡英した際、東郷の副官を務めています。

「批准をお願いします。反対されると私は軍令部長を辞職しなければなりません。私の辞職はどうでもいいが、海軍に大動揺をきたします」

しかし、東郷の態度は頑迷でした。

「一時はそうだろう。が、いま姑息なことをして将来取返しのつかぬことをするのは大不忠だ。今、一歩退くことは退却することで、これは危険きわまりぬ」

「わしの実戦経験からしても、今回の条約の兵力では不足で、国防上の欠陥はたしかだ。駆逐艦や潜水艦のような奇襲部隊は別として、巡洋艦は主力艦対米比率六割の今日、八割を要すると思うが、それが七割にもならんのでは話にならん」

谷口は、ロンドン条約による制限を受けて海軍はどうすべきかを東郷元帥に尋ねました。東郷は答えます。

「戦は数字でやるものではない。精神力でするものだ。訓練に制限はないではないか。猛訓練で劣勢を補えばいい」

谷口は質問をします。

「劣勢を飛行機で補うのがいかがでしょうか」

「そんな浅はかな考えでどうする」

そう言って東郷は谷口を叱責、罵倒したといいます。記録には、「元帥はすこぶる峻烈《しゅんれつ》に撃退されたり」とあります。現役の海軍軍令部長を怒鳴りつける等、東郷にしかできません。

それでも谷口はぶれませんでした。

最後は東郷も折れ、ロンドン軍縮条約は批准されました。しかし、その後この問題は統帥権干犯問題となって、政治問題化していきます。

昭和六年（一九三一）九月一八日、満州の柳条湖《りゅうじょうこ》で満州鉄道が爆破されます。満州事変の勃発です。谷口は、大陸への出兵を図る陸軍に対し断固として反対します。谷口は東郷が議長を務める軍事参事官会議で報告しました。

「（満州）事変は結局、対英米戦となる可能性があります。それに備えるには三十五億円の軍備が必要だが、今の日本の国力ではそれは不可能です」

谷口はこう言って、大陸への海軍艦艇派遣を拒否しました。

海軍の重鎮・東郷平八郎

（出典：近代日本人の肖像）

これに激怒したのが、再び東郷でした。

「軍令部は毎年作戦計画を陛下に奉っているではないか。いまさら対米戦ができぬと言うなら陛下にウソを申し上げていることになる。東郷も毎年この計画に対しよろしいと奉答しているが、自分もウソを申し上げたことになる。今からそんなことが言えるか」

と言って、再び谷口を会議の席上で罵倒しました。

その後、海軍の上海事変に関する陸戦隊の増兵についての軍事参事官会議でも、谷口が「部隊を派遣して事変が拡大すれば、対英米戦争になりかねない」と不拡大を主張すると、東郷は激怒します。その時の様子を会議に参加していた加藤寛治は、「今日は東郷元帥がえらいけんまくで谷口大将を叱責され、そばにいた私が震えあがるほどだった。元帥があんなに怒られたのは、私も初めて見たよ」

と語っています。艦隊派の中心人物である加藤大将が震えあがるとは、本当に怒りが爆発したのでしょう。

何度も東郷から叱責罵倒された谷口でしたが、その主張は一貫して不拡大でした。しかしこの後艦隊派は巻き返しを図り、谷口を海軍軍令部長から引きずり下ろし、その後任に伏見宮博恭王を迎えます。伏見宮博恭王はこの後昭和一六年（一九四一）までの約一〇年間も軍令部総長（海軍軍令部長から改称）を務め、対米戦争に突き進んで行きます。

一方、昭和八年（一九三三）から翌年にかけて行われた大角岑生《おおすみみねお》海軍大臣による艦隊派主導の人事、いわゆる「大角人事」により、条約派の谷口尚真大将を始め、海軍次官として財部を支えた山梨勝之進大将、海兵三二期の首席で天才と呼ばれた堀悌吉中将等、将来の日本海軍を担う有望な人材が予備役に編入されてしまいました。

谷口は兵学校長の頃に、自分の座右の銘について語っています。

「実は、自分は三歳にして父を失い、生まれて父の顔を知らないのである。消長して文字を解するに及んで、母から一片の書を示された。それは亡き父が死する前数日遺書として病床に認めた所の文字であって、

『百術不如一清』

という一句である」

「百通りの術策も一つの清らかさには及ばない」という意味ですが、艦隊派と条約派の対立は、艦隊派の全面勝利で終わりました。「清」き谷口は、主流となりつつあった艦隊派という「百」の「術」に屈していったのです。

谷口は、真珠湾攻撃の約一ヶ月前の昭和一六年（一九四一）一〇月三一日に逝去しました。享年七二歳、死の直前まで日中和平と対米戦回避を説いていたと伝わります。

●「ゆとり教育?」：物議を醸した「ドルトン・プラン」

平成の時代に、日本で「ゆとり教育」を巡って大論争が起こりました。あまりにもゆとりのない「詰め込み式教育」を見直し、教育のあり方を「生きる力」の育成とし、調べ学習等、思考力を付けるための学習内容が多く盛り込まれ、これまでの学習内容や授業時間が大幅に削減されるのですが、その結果学力低下を招いたとして、大きな批判が起こります。象徴的な出来事として、これまで円周率は3・14で教えていたものが、「円周率は3」にするとの誤解が広まり、大論争が巻き起こりました。

結局この論争は、授業時間を一割増やす新しい学習指導要領を決定して収束することになります。その後の新しい学習指導要領で教わった子供たちは、「脱ゆとり世代」等と呼ばれました。

これと似たような事が、昭和の時代の海軍兵学校でも起こっています。

昭和三年（一九二八）一二月、鳥巣玉樹《とすたまき》の退任後に永野修身《おさみ》が海軍兵学校長に任命されます。永野は高知の出身、海軍兵学校二八期を次席で卒業した秀才で、少佐の時にはアメリカのハーバード大学に留学、またアメリカ合衆国大使館付武官を務めています。

その永野が海軍兵学校に導入したのが、「ドルトン・プラン」と呼ばれる教育法でした。ドルトン・プランとは一体どんな教育法なのでしょうか。

アメリカのマサチューセッツ州にダルトン（当時の日本ではドルトンとも訳され、ドルトン・プランという言葉が定着しました）という小さな町があります。ヘレン・パーカースト女史という教師が、一九一九年にこの街に新しい教育を行う小学校を創設しました。

彼女が提唱した「ドルトン実験室案（Dalton Laboratory Plan）」とは、一人ひとりの能力、要求に応じて学習課題と場所を選び、自主的に学習を進めることでした。

ドルトン・プランの二つの原理は、次のように説明されています。

・生徒一人ひとりの興味を出発点とし、自主性と創造性を育む「自由の原理」
・様々な人たちとの交流を通じて、社会性と協調性を身に付ける「協調の原理」

この「自由」と「協調」から、生徒の独立心、責任感、信頼感を育成することが、ドルトン・プランの目指す目標でした。

また、これを実践するための三つの柱として「ハウス（家庭的な教室、様々な活動の中心）」、「アサインメント（生徒の学習意欲を引き出すために生徒と先生の間で交わされる契約、課題）」、「ラボラトリー（専門教科についてより深く学習するための研究室）」が必要とされています。

永野はおそらく在米大使館付武官時代に、このドルトン・プランを耳にしたのでしょう。兵学校長に着任した永野は、次のように訓示したといいます。

「自啓自発に努め、世界第一、古今東西第一等の人物となれ、而して世界無比の兵学校足らしめよ」

永野は翌年四月に新しい教育法の研究について特命検閲で諮問し、六月には永野は奈良女子高等師範学校（現在の奈良女子大学）と成城高等学校等の視察に行きました。この成城高校では、能力別学級等、いち早くドルトン・プランの考え方が導入されていました。成城高校は、陸軍士官学校、陸軍幼年学校の予備校的位置付けで設立された学校です。この視察は、兵学校へのドルトン・プラン導入に大きな影響を与えたと思われます。

このような研究期間を経て、永野は新しい学習法についての方針を示します。

一　**意思陶冶《とうや》に重きを置き、生徒の人格を益々向上せしむ**
二　**個性を重視し、生徒をしてその才能を伸ばしむ**
三　**生徒をして自啓奮励、大にその心身を活動せしむ**

そして、結論として次のように述べています。

「小官の示した方針を具備せしむるためには、結局『プロジェクト・メソッド』と『ドルトン・プラン』、その他の諸教育学説や主張を慎重に聴取し、また我実情も鑑み、その利害得失を考量する必要があると思う」

このような経緯を経て、新学習法に関する「方針説明書」が昭和四年（一九二九）九月に提出され、兵学校でドルトン・プランを取り入れた教育が始まりました。

具体的にどんな変化が起こったのでしょうか。自啓自発を手段としたので、例えば訓練の時間が削られて、午後二時から三時半までの時間が自選作業時間（自習）になりました。また午前中の授業も画一的な授業は禁止され、基本的には個別学習を行っていたようです。

しかし、急激な変化に教授も生徒も混乱しました。

当時、統率科の教官だった大西新蔵《おおにししんぞう》少佐は、次のように述べています。

「ドルトン・プランであるならば、時間表を廃し、教科書を改めて参考書的精細な自習向きなものにしなければならない。これらの準備をせず、生徒を放り出し、自学自習というより、『独学独習』であった。大部分の生徒は漂流し、五里霧中に陥ったのである。

（この学習法は）重点の把握その他に難点があり、教官たちの予想通りの結果に終わったようである」

また、この教育を受けた山本啓志郎《やまもとけいしろう》という六〇期の生徒は、次のように述べています。

「講堂における自学自習において教授たちは生徒各自の質問に応じきれないこともあるし、また生徒の理解の程度や難渋しているところの的確な把握も困難であった。ほとんどすべての教務は、授業の週末においてその都度生徒のコナシ程度をチェックするためのテストが行われるようになった」

また、教科書についても、

第35代校長の永野修身

「教科書も半頁白紙になっていて、自学の結果を記入するようにしてあった」

と記録にあります。

どうも永野の理想と現場の実践には大きな矛盾があったようで、一一月に行われた校内の会議では、早くも多くの教官から反対の声が上がります。

また、生徒たちもとまどいながら、このように噂したといいます。
「永野校長の頭を叩けば、自啓自発の音がする」
他方で、この教育方針を絶賛する生徒も多くいたと伝わります。

永野は校長に着任後、ドルトン・プランを導入するために視察等も含めて入念な準備をしたようですが、その方針の本質的な部分は多くの教官や生徒には理解されていなかったのでしょう。また、ドルトン・プランの三つの柱である「ハウス」、「アサインメント」、「ラボラトリー」が十分に準備されていたとも言えません。とりあえず半分白紙の教科書は配られましたが、それをどうしたらいいのか、誰もわからなかったのではないかと思えるのです。

結局のところ、このドルトン・プランによる学習法は、優秀な生徒をさらに伸ばすことには貢献しました。一方、そうでない生徒、自主性と言われて時間を与えられても何をしていいかわからない生徒には、学力低下を生むことになったようです。

永野がトップダウンで進めた教育改革は失敗に終わりました。昭和五年（一九三〇）六月に永野が退任すると、後任の大湊直太郎《おおみなとなおたろう》校長の時代には教育体系は全て永野以前に戻ります。ドルトン・プランは、永野退任とともに完全に放棄されることになりました。海軍兵学校をトップクラスで卒業し、ハーバード大学で学んだ永野には、できない生徒のことはわからなかったのかもしれません。

他方で、永野は日露戦争後に生まれた生徒、当時の「戦後世代」の生徒たちに歴史を学ばせることを重視していたようです。

昭和四年（一九二九）五月二七日の海軍記念日に、永野は生徒に対して次の通り訓示をしています。

「戦後二四年という浅い年月ではあるが、その間に実戦の経験のある人は次第に海軍の現役を去り、経験者に依りて養われた新人の世となった。然しながら、当時の長官が今尚健在で幾多の生きた教訓を我々に示して下さるのは実に我々の幸福とするところである。

本日は茲《ここ》に、明治天皇の海軍に下し給へる勅諭の奉読し、連合艦隊解散の辞を諸子に読み聞かして且つ余の所威を述べ、この戦争中、国のために我が先輩の血を以って蓋したる忠誠偉勲を仰慕し以ってこの式を終わることとす」

戦争を知らない世代、海軍の世代交代に対する危機感が永野の心にはあったのでしょう。この訓示からは、それが読み取れます。

永野はその後、太平洋戦争開戦時に軍令部総長を務めました。海軍大臣時代には、山本五十六や米内光政、井上成美等を要職につける等、対米戦争回避を意図していたとも見えますが、軍令部総長になると戦争以外に選択肢はないと昭和天皇に進言する等、徐々に開戦容認に傾いていきます。戦後はそれを理由にA級戦犯容疑者として東京裁判に出廷させられました。裁判の場では真珠湾作戦の責任は一切自らにあると述べる等、責任を他に押し付けることのない潔さに米国からも高い評価が得られたともいいます。

裁判で証言に立った米海軍のジェイムズ・リチャードソン海軍大将（元太平洋艦隊司令官）は、証言が終わった後、米軍の憲兵隊長に伝言を頼んだといいます。

「あの雄大な真珠湾作戦を完全な秘密裡に遂行したことに対し、同じ海軍軍人として被告永野修身提督に敬意を表すると伝えてくれ」

一方永野も、

「今後、日本とアメリカの友好が進展することを願っている」

と述べたといいます。

永野は兵学校長時代にはドルトン・プラン導入で失敗し、開戦時の軍令部総長として批判を浴びましたが、海軍大将としては最後まで潔い姿勢を貫きました。

しかし裁判進行中の昭和二二年（一九四七）、急性肺炎により巣鴨プリズンの独房で亡くなります。

永野の無実を信じていた多くの人達にとって、それは無念の死でありました。

第四章　危機

～戦争勃発から終戦、そして海軍兵学校の解体

●「五省」の導入：松下元

夜の江田島、海上自衛隊幹部候補生学校。

夜の自習時間終了五分前になると、ある伝統的な儀式が始まります。

「ひとつ、至誠に悖《もと》るなかりしか」

候補生は自分の部屋の机に静座して、全員が五つの言葉を黙読します。

昭和六年（一九三一）九月一八日、満州事変（柳条湖事件）が勃発しました。日本は、軍縮平和の時代から、再び長い戦争の時代へと突入していきます。

その年の一二月、松下元《まつしたはじめ》が海軍兵学校長に任命されました。松下は福岡県出身、海軍兵学校三一期、最後は海軍中将になる人です。

松下は着任時の訓示で、次の通り述べています。

「吾々軍人は終始一貫、至誠奉公、勅諭の精神に充ち満ちたる、換言すれば軍人精神

横溢《おういつ》せる溌溂《はつらつ》たる人物を養成するに在るのであると思うが、これに至る道標として、何か諸子の精神に打込むことが、校長の重大にして肝要なる任務ではないかと思ったのである。

我が海軍は、日清・日露及び世界大戦と幾多の試練を経て今日に至り、また昨今は支那事変に沈黙、海軍の本領を発揮して居り、実に世界無比の光輝ある歴史を有して居るのであるがこの光輝ある歴史を残し得た先輩は、我が海軍の伝統的精神を継承せられた結果に外ならぬのである。（中略）

校長としては先輩に恥ずかしからざる生徒、学生を養成せねばならぬ、また生徒、学生をして先輩に恥ずかしからざる修養と研鑽を行わしめ、人物を大成せしめねばならぬと云うことに大いに力を入れて諸子に臨んだらば宜しかろうと思ったのである」

松下の訓示には、「恥を知る」「恥ずかしからざる」との言葉が度々表れます。これが彼の任期中に最も重視した点でした。

そのような人物を育てるためにどうすべきかについて、松下は述べています。

「世界の形勢を通観するに、今や我が国は国際連盟を脱退し、一方新興満州国は建設せられ、これに対する世界の世論は必ずしも我に有利ならず。（中略）吾々、将来のことに想到する時は、尚一層有力なる敵に対し、或は孤立無援、世界を敵とし而も絶対優越なるを期せねばならぬ、従って本校に於いては、特に訓育に重点を置いて居るのである。（中略）

これを要約すれば本校に於ける教育は、我が海軍兵科将校として必要なる資質を具備せしむるため、徳育、知育、体育の完全なる発育錬成を計り、我が海軍の伝統的精神を継承し、先輩に対し恥ずかしからざる人物を養成するにあるのである」

松下校長は国際情勢が日本に不利になる中で絶対的な優位を保つために、訓育に重点を置いた教育を志向し、海軍の伝統を継承するにふさわしい人物の育成を目指したようです。「五省」が生まれたのは、このような流れの中からでした。

昭和七年（一九三二）四月二四日、松下は勅諭下賜五〇周年記念祝賀会で訓示をしました。

「最近、諸子の自習室には何れにも我等の敬意措く能わない東郷元帥の謹書せられた聖諭五ヶ条の扁額《へんがく》を奉置した。

諸子は、日夕これを拝誦《はいしょう》して修養の箴《しん》となせ。万一情心起らむとする時は直ちにこれを仰ぎ見て奮起しなければならぬ。

また、今回諸子に自省自戒の箴として

一、至誠に悖《もと》る勿《な》かりしか
（誠実さや真心、人の道に背くところはなかったか）
一、言行に恥ずる勿かりしか
（発言や行動に、過ちや反省するところはなかったか）
一、気力に缺《か》くる勿かりしか
（物事を成し遂げようとする精神力は、十分であったか）
一、努力に憾《うら》み勿かりしか
（目的を達成するために、惜しみなく努力したか）

一、無精に亘る勿かりしか
（怠けたり、面倒くさがったりしたことはなかったか）

の五省の銘を作り勅諭小冊子に記入して不日諸子に配布する。勿論、諸子は御勅諭の五ヶ条を以って修養の箴とすべきことは前言した通りであるが古い言葉にも「道は近きに在り」とある如く諸子が生徒服務に克く精進することがこれを奉體《ほうたい》する所以であるから、諸子が日常の服務に即して修養するための座右の銘たらしめんとするのである」

松下が「五省」について述べたのは、この軍人勅諭五〇周年記念祝賀会での訓示が初めてです。松下は、東郷平八郎の揮毫《きごう》による軍人勅諭の五ヶ条と、新たに座右の銘とすべき定めた「五省」の二つを以って、兵学校での精神教育の礎としたのです。

この校長訓示を機に、生徒は毎晩自習終了五分前になるとラッパの合図を鳴らし、生徒はそこで自習をやめ、机の上を片付けて瞑目静座し、当番の学生が五省を発唱し、各自心の中で反省をすることになりました。

私が平成元年に海上自衛隊幹部候補生学校に入校した時にも、この五省の黙読の習慣は行われていました。また、学校長として着任した平成二八年にも、やはりこれは行われていました。元々は海軍兵学校で松下校長が始めたものです。

一日一日を振り返って反省し、次の日にまた新たな気持ちで備えることはよい習慣だと思います。日々、仕事をしていると、必ずしもいつもうまくいくとは限りません。失敗することも多々あります。私は今でも習慣として、寝る前に必ず一日を振り返ることにしていますが、この習慣は江田島で習った「五省」に起源があります。「五省」は、文章をただ暗唱することが目的ではなく、一日を振り返って反省し、明日への糧とすることに意義があるのです。

第37代校長の松下元

しかし、この五省は当時の教官や生徒には不評だったとの声もあるようです。当時、兵学校で教官をしていた海兵五〇期の寺崎隆治という人は、次の通り証言しています。

「五省は僕が兵学校の教官のとき、反対したグループがある。あの松下元という校長が非常に熱心にね、ご勅諭ほか何か具体的に毎日心得るべきものがあったら是非やるようにって、山口儀三郎《やまぐちぎさぶろう》っていう生徒隊監事が、それがもう非常に校長の意図を体して、そして色々工夫したのが五省なんだ。だから僕はね、ご勅諭でたくさんだと、あなたその、覚えるのが大変だし、そんなことで毎日騒いでおったら精神教育ということを、そこは非常にオーダーの低いほうに偏るんじゃないかとやったんだが、しかし聞かないでできたんですよ。そして昭和六年（実際には七年）からね、あれを取り入れたわけだ、確かあれは、そして暗記させられたんだ」

五省は松下校長の強いイニシアティブで作られたものですが、中身については当時の教官が起案したようで、そしてそれがすぐにそのまま受け入れられたのではどうもないようです。もちろん、これ以前の海軍兵学校には五省はありません。五省の暗誦が行われたのは、兵学校最後の約一〇年ですから、もしかしたら五省が定着するようになったのは、戦後、海上自衛隊にこの慣習が引き継がれてからかもしれません。

昭和四五年（一九七〇）頃、江田島を見学した米海軍第七艦隊司令官ウィリアム・マック中将は五省に感銘を受け英訳を募集し、自らが後に米海軍兵学校長になった際にアナポリスの訓育の資としたといいます。

満州事変から満州国の建国に至る東アジア情勢は緊迫化し、日本が国際社会から孤立する中、松下はそれを打開していく手段として、教育の中核に訓育を据えました。その方向性は間違っていなかったとしても、ただ勅諭を掲示し五省を暗誦させるようなやり方は、海軍の形式主義や精神主義を萌芽させただけなのかもしれません。

松下は兵学校長退任後の昭和一〇年（一九三五）に「海と空」という雑誌に、「我が海軍の主張」という論文を寄稿しています。

「熟々世界の大勢を通観するに、アジアにおける日本、南北アメリカにおける合衆国、ヨーロッパにおける英国の三者は各所在方面を分担し、世界海洋永遠の平和を保護すべき三大海軍国であると思う。これら三国の海軍力は鼎《かなえ》の三足の如く互いにその分を

守り他の立場を尊重し、不脅威不侵略の原則の下に、併立して世界平和維持の責務を担うべきである。

三足の長短は平和維持の安定を害《そこな》うであろう。日英米三大海軍力均勢保持、これに伴う世界平和への共同奉仕は、実に天意に叶い理想に即するものと言うことができよう」

大角人事で条約派の将官が予備役にされる等、艦隊派の勢いが増す中、松下はロンドン条約が翌年末に自然消滅することを憂いて、日英米三か国の鼎立による平和構想を唱えましたが、それはあまりに理想的過ぎたと言えるでしょう。国際情勢は、松下の主張とは全く別の道を突き進んで行きます。

●太平洋戦争開戦までの海軍兵学校長たち

昭和八年（一九三三）一〇月の松下校長の退任後、太平洋戦争開戦までの間に五人の校長が就任します。

昭和八年一〇月三日　及川古志郎
昭和一〇年一一月一五日　出光万兵衛《いでみつまんべえ》
昭和一二年一二月一日　住山徳太郎《すみやまとくたろう》
昭和一四年一一月一五日　新見政一
昭和一六年四月四日　草鹿任一

この時代の兵学校長が行った訓示を、幾つか紹介したいと思います。
及川古志郎は海兵三一期、白根熊三、鳥巣玉樹が兵学校長の時に、兵学校の教頭を務めていました。侍従武官（天皇陛下に常時奉仕する武官）も務め、最終階級は海軍大将、昭和一九年(一九四四)八月には軍令部総長を務めます。校長としての及川は自由主義的な「外来思想」を排除しながら、厳正な軍紀と強固な団結をその指導の中核に置いていたようです。

「軍紀厳正なる軍隊にありては、指揮官と部下との精神的な接触は常に最も緊密なる

ものなり。諸子が将来部隊長として部下の服従の程度を判定すべき尺度は、部下がその父兄朋友にも漏らさざる一身上の事実に関し、如何なる程度に指揮官の示教を仰ぎつつあるかに在り。（中略）

緊密なる精神的連絡を以って、全海軍を縦横に結束し、帝国海軍を打って一丸となせる事実は、帝国海軍の伝統にして実に帝国の誇りとするところなり。而してその横に一貫するものは「クラス」会の団結となりて現る。（中略）

その如き厳正なる軍紀が、如何なる外来思想にも犯さるる事なくして我が海軍に存続する限り、我が海軍は依然としてその精鋭を宇内《うだい》に誇り得べく、しかもこの精神の中核たるべきものは実に吾人兵科将校なりとす」

及川の後には、海兵三三期の出光万兵衛という人が校長になります。及川は離任の訓示の中で、「出光中将は長期間侍従武官を勤められたる方にして人格識量共に吾人の夙に敬慕する所なり」とその人格を称賛しています。出光は江田島を「海軍精神発祥の地」と呼び、自己の信条として「常省日新（常に省みて日々向上する）」という言葉を生徒に繰り返し語っています。

「自己修養は武人の一生の行事なり。而して本校の教育はその道程の門口なり。門口に於いて自己修養を知覚せずば終生遂に向上の道を進む能わざるべし。故に克く『常省日新』を咀嚼玩味《そしゃくがんみ》し将来の向上を期すると共に、前路に横たわる幾多の障碍を排除すべき確呼不抜の覚悟あるを要す」

また、出光には卒業式では必ず詠む句（一休禅師のものと伝わります）があり、それを生徒へのはなむけとしました。

「唯将来各自が直面すべき環境は夫々課せられたるべき目前の任務異なるに従いその行路の難易に多少の差を生ずるは自然の現象なりといえども、常省日新積極的進取向上の道を進みて息まずんばその窮極する所は一つにして、

わけ登る　麓《ふもと》の道は　多けれど

同じ高嶺の月を見るかな
（入口はいろいろと違っていても、最後にたどり着くところは同じである）」
なり。

出光の後に兵学校長に就任した住山徳太郎も、侍従武官の出身でした。及川から三代続けて侍従武官経験者が兵学校長になったことになります。住山は昭和一二年（一九三七）七月に勃発した盧溝橋《ろこうきょう》事件（北京郊外の盧溝橋で起こった日中両軍の軍事衝突事件）後の一二月に校長に就任しました。そのため、出光までの時代の校長に比べて、戦争への危機感がその訓示によく表れています。

「現下の支那事変に於いて連戦連勝皇軍出師《すいし》の目的を達しつつあるは、素より上　大元帥陛下の御稜威に依るは申すまでもなく、下に忠勇義烈一死報国を信念とする海陸将兵の奮闘あるに依るなり。真に我々の先輩同僚の樹てたる偉勲は、皇国を泰山の安きに置き、武人の本領を遺憾なく発揮するものというべきなり。諸子は今や名誉高き是等人々の後継者となれるを以って、将来その業績を継承して彌々《いよいよ》皇国海軍の実力を高め、以って皇恩の萬分の一に報い奉らざるべからず」

住山は自由主義思想や共産主義思想の影響を憂いて、元侍従武官らしく皇室を称賛し、日本の古来の思想の重要性を繰り返し生徒に訓示しています。住山が兵学校長だった年は、昭和一五年（一九四〇）に計画されている皇紀二六〇〇年記念行事に向けて、社会全体でも皇室の歴史を普及させる活動や行事が行われていましたので、その流れもあったと思います。兵学校における「皇国」思想の普及は三代続いた元侍従武官の校長、その中でも特に住山の影響が大きかったと読み取れます。

住山は軍人の精神的基盤を、「日本思想」、「大和民族」といった言葉を使って、生徒たちに語りました。

「日本思想は源を遠く皇祖の神勅に発し、三千年の文化に依りて醇化《じゅんか》洗練せられたるものにして、大和民族は誰しも生まれながらにして之を父祖より継承す。唯輓今《ばんきん》欧米思想の影響を受け、時に純正なる我が固有思想の混乱するやに見ゆる事あるも、大和民族は決して天賦の思想を忘失するものに非ず。彼の日清日露の両戦役に於いても、また目下の支那事変に於いても実証せらるる如く、一度存亡を賭する国家の大事に際会せば、日本思想は直ちに発現してその光を放つを常とす」

●中止？ 延期？ 東京オリンピック

昭和一四年（一九三九）一一月に就任した新見政一は海兵三六期、駐英武官補佐官時代に第一次世界大戦について研究をしてから戦史研究に没頭し、海軍大学校で戦史教官を計五年務めました。最後は海軍中将、舞鶴鎮守府司令長官を最後に現役を退きます。

新見が着任した頃の国際情勢を概観すると、日中戦争は泥沼化し、日本軍はノモンハン事件（昭和一四年五月から同年九月にかけて、満州国とモンゴル人民共和国の間の国境線をめぐって日ソ間で発生した紛争）で大敗、日米通商航海条約が破棄され、日米関係は悪化の一途をたどっていました。そして、新見の着任の二ヶ月前にはドイツがポーランドに侵攻し、欧州では第二次世界大戦が勃発していました。

新見は着任の訓示で、緊迫した国際情勢について述べています。

「一昨年夏、暴支膺懲《ぼうしようちよう》の師を勧められてより、茲《ここ》に二年有余この間、御稜威の下外に於いては海陸軍将兵の忠勇義烈勇壮無比なる奮闘と内に於いては銃後国民の結束と熱誠なる後援とに依り作戦は連戦連勝予期の如く進捗し、現在に於いては聖戦最後の目標たる東亜新秩序の建設に向かい邁進しつつある次第なるも、その最後の目的達成までには尚幾多の難関を予想せらるるものあり。加之《しかのみならず》今次欧州戦乱の勃発に関係し、国際情勢の動向に極めて機微なるものあり。我が国がこの難局を打開し且つこの機微なる国際情勢の間に善処し、更に来るべき一大飛躍をなすためには、帝国海軍の実力に俟《ま》つ所極めて大なるものあり。而して英米等に於いては巳に着々海軍軍備の拡張をなすあり。彼を思い之を思う時帝国海軍の責務の日一日といよいよ緊切の度を加えつつあるを覚ゆ。（中略）

現下の時局を認識し将来諸子に課せらるべき責務の大なるを自覚し　段の緊張を以って修練に当らざるべからず」

新見が校長だった昭和一五年（一九四〇）には、皇紀二六〇〇年記念行事として政府主催の紀元二六〇〇年式典の他、特別観艦式、観兵式、奉祝美術展覧会、児童唱歌大会等、様々な行事が全国で行われました。さらに、皇紀二六〇〇年記念行事に併せて夏季オリンピック東京大会、冬季オリンピック札幌大会、そして皇紀二六〇〇年記念日本万国博覧会の開催が正式に決定されていました。しかし、日中戦争の長期化の影響で軍部が反対し、日本への国際的な非難もあってオリンピックは中止、万博は延期（実質的には中止）されました。それにしても一年の間に夏季、冬季オリンピックと万博を同時開催する計画だったとは、現代の感覚ではとても信じられませんが、日中戦争が泥沼化する中で、この一連の行事を国威発揚の手段としたことが窺えます。

「紀元二六〇〇年という年は我が国にとりて意義深遠なるものあるのみならず、今や世界は我が日本の紀元二六〇〇年を限界として一大転換期に際会していると言って差し支えないと思うのである。西には欧州戦乱の愈々《いよいよ》本格的ならんとするあり。東には我が国の新東亜建設の大業着々として進み、近く支那親日中央政権の樹立を見んとし、これを契機として支那事変も更に新しき段階に入らんとしている。（中略）

この時に当たり、諸子学生生徒に対し要求せられる所のものは何であるか言うまでもなく、時局に対する認識と諸子将来の責務に対する自覚とを新たにし、一段の緊張を以って各其本分に邁進することである」

また、この時代には日本書記の神武天皇東征の伝承を日本海軍の発祥とする言説も登場します。新見は紀元二六〇〇年紀元節に際して行った訓示の中で、次の通り述べています。

「神武天皇の御創業に関しては我々帝国海軍軍人として否帝国日本として看過すべからざる事実があるのである。それは帝国海軍の淵源が遠く神武天皇創業の史実の中に歴然と存在することである。神武天皇の御東征が主として瀬戸内海を海路に依られたという事実は勿論、数年の後大和に軍を進められ、賊将長髄彦《ながすねひこ》の軍と戦わせられて戦を有利に進捗しなかった際、天皇は軍をお返しになって浪速より更に舟師《しゅうし》を率いて南海熊野に御上陸嶮路《けんろ》賊軍の背後を衝いて大勝を博し給い、遂に建国の大業を成就し給わたのである。

この天皇の舟師に依る背面迂回作戦こそは大和の決戦場裡《じょうり》に於ける皇軍大勝の主因

であって、その如き戦略的迂回行動は今日に於いても海を制する国の常に採る所の戦略である。

近くは諸子の知る如く今次事変の初期に於いて、昭和十二年の終わり頃、上海正面の戦線が固着し仲々有利なる進展を見なかった際、海上を制する我が国は海路大軍を杭州湾に揚陸、敵軍の背後を衝き、大勝を博したのと同じである。

我々は茲《ここ》に神武天皇建国の大業を成就せらるるに当たり、天皇の舟師すなわち天皇の海軍が戦略的に不朽の偉功を奉じたることを顧み二六〇〇年後の今日帝国海軍軍人として無限の感銘と不抜の信念を喚起せしめらるるものあるを感ずるのである」


日本書紀にある神武東征とは、カムヤマトイワレビコ（神武天皇）が九州の日向の地から水軍を率いて東の海を渡って熊野に上陸し、そこで戦った後に橿原宮《かしはらのみや》で即位するという建国神話です。新見の訓示では、この神武東征の神話と上海事変での日本海軍の杭州への揚陸作戦を対比させ、天皇と海軍の関係を歴史的な文脈から一体化させようとしたと言えます。

日中戦争の長期化、対米関係の悪化という過程の中で、硬直化していく中国での戦果を誇張しつつ、兵学校教育も徐々に思想教育が強まっていきました。

他方で新見は生徒に対しては気さくに接していたようです。

当時の生徒であった澤本倫生という人が、当時の話を述懐しています。

「ある日当直下士官が『校長閣下がお呼びです』というので、恐る恐る校長室に伺うと、『正月に仲間を連れて官舎に来んかね』ということであった。この時、随分小さい方だなと思ったら、直ぐに感じられたのか、『小さいので驚いただろう。入校前の体格検査は　寸背伸びしてごまかしたんだよ』と笑って言われた。

正月三日にお伺いすると、和服で出てこられ「おう、よく来た。上がれ上がれ」と気さくに言われ、上がるとすぐにお雑煮が出された。「学校の餅は、焼いていないからまずいだろう」とか「お汁粉がよいかな」とか、とても気を使っ

第 41 代校長の新見政一

て下さった」
とあります。

●「任ちゃん」校長と日米開戦

新見の後任の校長となった草鹿任一は石川県出身、海兵三七期、卒業後は砲術長、射撃科の道を歩みました。艦隊での勤務が長く、海軍省では教育局第一課長や教育局長等を務めています。最終階級は海軍中将でした。

戦後に草鹿は、海軍兵学校長の発令を受けたときの感想を次の通り語っています。

「えらいこっちゃと思ったよ。クラスの奴はな、『草鹿は兵学校へ行儀見習に行くそうな』と言った。それから考えてな、よーし、俺は兵学校に行って生徒と一緒に勉強してやる、と決心したんだ」

草鹿は着任の訓示の冒頭で、次の通り述べました。

「言うまでもなく今日本は国を挙げて戦争をしている。諸子の先輩戦友達は現に支那に於いて、あるいは航空戦に、あるいは陸戦に、あるいは掃海に、あるいは沿岸封鎖に各方面に於いて奮戦を続け、以って護国の大任を完うしつつあるのであって、この間不幸にしてあるいは傷つきあるいは倒れた人もまた少なくないのである。その様な時機に於いて諸子はこの江田島の別天地で悠々と勉強ができるということは何たる有難いことであるか。これを考えると決して怠ける訳には行かぬ。同時に又今日斯く緩《ゆる》りと勉強をさせてくださる御上の意のあるところをよくよく考えて落ち着いて専心学業にいそしみ、以って軍人としての確《しっか》りした根底を築かなければならぬと思う。

そこで凡《およ》そ軍人としてその職責上絶対必要なことは何であるか。それは勿論『戦に強い』ということである。本校に於いて教育の本旨も帰するところは真に軍人を作り上げることにある」

これまでの校長の訓示に比べるとより戦時色が強まり、「戦に強い」軍人という言葉を使って、より即戦力としての教育を求める姿勢が窺えます。

他方で、草鹿は生徒からは総じて評判のよい校長でした。

草鹿の着任後、当時の生徒隊監事だった朝倉豊次《あさくらぶんじ》大佐が校長に、「校長は生徒から見ると神様みたいなものです。大所高所にじっと座っていただいておればよいので、生徒と直接口をきいたり、生徒の日課や生活に余り口を出さないで欲しい」と進言すると、「俺みたいなぐうたらな男に神様の真似ができるか。とんでもないことを言うな」と返したといいます。

そして草鹿は翌日から生徒よりも早く起き、午前中は座学、午後は訓練に、単に顔を出すだけではなく、一緒にやりだしたといいます。

また、草鹿は校長時代に、「生徒に示す」という歌を作詞しています。

「霊鷹峯に棲みしちょう　松も緑の山を負い
水清澄の江田湾に　臨みて立てる生徒館
粲《さん》たり菊の御紋章　仰げば高し君の恩
朝な夕なに銘じつつ　海の守りの魂《たま》磨く

厳たり五条の御聖訓　俯してかしこむ臣《おみ》の道
日毎夜毎に念じつつ　ふねのいくさの技を練る

教うる人も学ぶ子も　心は同じ天皇《すめらぎ》の
醜《しこ》の御盾と誓う身を　鍛え鍛えんいざ共に」

この歌の四番の歌詞にあるように、生徒と共に学び、共に鍛えることが、彼の教育哲学であったようです。

生徒たちは、「草鹿校長といえば、剣道場で生徒とかかり稽古をやったり、ふんどし一つになって生徒と一緒に泳いでいた姿が目に浮かぶだけで、海軍中将の軍服に威儀を正した姿は思い出せない」と語っています。

生徒隊の敬礼に招き猫のような手つきで答礼する、夏の水泳訓練のあとに生徒館の前を水を滴らしながら歩いて帰る、校長官舎で生徒と酒を飲む、さらには生徒から呼ばれて二次会に登場し酔いつぶれる等、ざっくばらんな性格と振る舞いは、多くの人にとって親近感を感じさせるものでした。

生徒たちは草鹿校長のことを親しみをこめて

「任《じん》ちゃん」

と呼んでいたといいます。

昭和一六年（一九四一）一一月、真珠湾攻撃の約一か月前に行われた海兵七〇期の卒業式（この卒業式は記録映画『勝利の礎』に収録されました）では、まさに戦場に行かんとする生徒たちを鼓舞するとともに、卒業生に一一か条の指針について述べています。

「申すまでもなく、現下の国際情勢に於いて我が海軍の責務は極めて重大であって、吾々海軍軍人は異常なる決心覚悟を以って奮闘努力すべき秋である。この際に於いて諸子は卒業と共に直に第一線の人となるのである。胸中実に雄心勃々《ぼつぼつ》たるものがあるであろう。然しながら同時に一方に於いてあくまでも落ち着きたる心持を失わずして平静に日夜堅実なる自己の修養に務め三年努力の結晶を基礎として実地の試練を重ね、以って将来の大成を期せなければならぬ。

この意味に於いて諸子一生の門出に当たり今後特に心掛けなければならぬと考えることの要点をとりあえず述べて、諸子に対するはなむけにしたいと思う。

一　生死を離るることを終始工夫せよ
二　軍紀に徹せよ
三　誠意の人となれ
四　公正の心を養え

第42代校長の草鹿任一

五　思索の選を慎め
六　自己当面の職責に全力を注げ
七　常に心身の鍛錬に努めよ
八　士官としての嗜みを持て
九　根拠ある勘の養成に努めよ
十　窮達に依りて心を奪わるる勿れ
十一　絶えず自己を反省せよ」

七〇期の武田光雄《たけだみつお》という当時の生徒は、「校長の教えの中で私共の心に残っていますのは、卒業式で校長が訓示した『窮達に依りて心を奪わるる勿れ』という言葉でした」と語っています。この言葉は「貧乏に苦しんだり、立身出世したからと言って、自分の信念を変えてはならない」という意味です。武田は戦後に草鹿校長にこの言葉の出典を訪ねたところ、

「これは俺の専売特許じゃないよ。実は自分が候補生の折に練習艦『宗谷』の鈴木貫太郎艦長の訓示の中にあり、非常に感銘を受けたので、自分の教え子である七〇期の卒業のはなむけとして話したのだ」

と答えました。

鈴木貫太郎の「奉公十則」は、草鹿を通じて次世代の候補生にも語り継がれたのです。

「**窮達を以って節を更《こ》ふべからず（奉公十則：鈴木貫太郎）**」

しかし、草鹿兵学校長の思い空しく、海兵七〇期は四三三名が卒業し、二八七名が戦死

するという極めて戦死率が高いクラスとなりました。

この七〇期の卒業式翌月の一二月八日、日本海軍の空母機動部隊はハワイの真珠湾にある米海軍基地を攻撃し、太平洋戦争の火蓋が切って落とされました。

真珠湾攻撃の当日、草鹿は生徒に対し訓示をします。

「既に一同承知の通り、我が国は今晩を以って米英に対し戦争状態に入り、宣戦の詔勅《しょうちょく》も渙発《かんぱつ》された。愈々《いよいよ》矢は弦を放たれたのである。

この際諸子は素より、武人としての若き血が湧き立つのを覚えるであろう。今や吾々はこの心持を以って所謂打てば響くが如き生々したる気分の下に、堅き決心覚悟を新たにして、武人の本分に必死の努力をなすべきの秋である。

就《つ》いては、この際左の二項を改めて注意して置く。

一　あくまでも落ち着きて課業に精進せよ

二　敵襲に対し常住不断の気構えを持て」

この訓示の中で草鹿は、「如何なる場合にも油断に基づく不覚を取ってはならぬ。江田島といえども敵襲なきを保ち難い。諸子は万一の場合に対しても敵襲何物ぞという落着きを養うと同時に課業中に於いても就寝中に於いても何時如何なる場合にも敏速部署に就き得るだけの気構えを失う勿れ。この際不必要の緊張と共に油断を厳に戒しむ」と述べ、生徒の気を引き締めています。これは生徒の心身の安全を守ろうとする草鹿校長の強い意思だと感じます。

この時代に平泉澄《ひらいずみきよし》という国史学者がいました。彼は海軍の教育機関で皇国史観の講義をしていたのですが、二・二六事件後は超国家主義のイデオローグとして海軍の主流から危険視され、海軍兵学校や海軍大学校での講義は禁止されました。しかし、その後も舞鶴の機関学校では講義が続けられ、三国同盟、対米開戦の機運が高まると、海軍の中で再び平泉博士を評価する声が高まります。

草鹿は、再び平泉博士の兵学校での講演を受け入れることにしました。そして、講義「皇国護持の道」が海軍兵学校生徒に対して再開されます。

海軍兵学校の教育は対米開戦を機に、さらに国粋主義的な方向へと変化していきました。

真珠湾攻撃の翌年である昭和一七年（一九四二）五月一二日、当時の海軍大臣及川古志郎が江田島に来校し、生徒に訓示を行っています。かつて兵学校長であった及川は、戦況についてこう語りました。

「大東亜戦争は赫々《かつかく》たる戦果を挙げつつ広範囲に於いて今なお戦闘を続行しつつあり。而して現在は緒戦期にして今後更に困難なる局面の出で来らんことは書物を読み且世界の状勢を考察せば容易に予察し得るべし。かかる困難が如何なる形に於いて現わるるとも諸子はその困難を打開せざるべからず。而して如何にして打開すべきやに関し、二、三所懐を述べんとす。

支那近世の大経世家たる曽国藩《そうこくはん》の言に『戦は国の興敗を決する重大事なり、故に戦を決するは難し。戦を決するは易く、戦に勝つは難し。戦に勝つは易く、戦を制するは難し。戦を制するは易く、戦を全うするは難し。戦を全うするは易く、全《まつた》きを久しくするは難し』とあり、これを按ずるに戦を為すべきや否やを決するは困難なることなり。然れども一度決心をなし戦を開くや必ず勝たざるべからず」

「英米の今日あるは『吾は世界第一の国なり』と過度に自惚《うぬぼれ》したるに依るものなり。また日本に於いても日支事変は数年を経過せるも未だ解決せざるに、大東亜秩序は五ヶ月にして輝きして戦果を収め得たる所以のものは、日本人の心に支那に対し侮蔑の念を持ち、英米に対し強者に対する戒警の念を持ちたるが故なりと考えることを得。もし支那に対し謙虚なりせば日支事変すでに解決されたるも測り知れざるなり。

もし諸子にして大東亜戦争の勝利に驕り、日本は世界第一なり、いささかも恐るる者なしと考えることあらんか日本の将来を危うくすること大なるもの非ざるべく日本の前途憂うべきものあり。

故に諸子は、先輩の築かれし土台を壊さざるのみならず、更に高き所に築き上《あ》ぐべき大任を有す。諸子の将来は今日の赫々《かつかく》なる戦果を挙げられし先輩より更に大なるものあり。

諸子は思いをここに致し謙虚勉励以ってこの大任を完うせむことを切望す」

しかし、及川海軍大臣が江田島で訓示をしていた頃には、南太平洋で後の戦局を大きく左右する日米の大きな海戦がすでに終わっていたのです。

●「戦下手」と言われた海軍兵学校長：井上成美

昭和一七年（一九四二）五月四日から八日にかけて、オーストラリア北東の珊瑚海《さんごかい》で日米の空母機動部隊が直接戦う「珊瑚海海戦」が生起しました。空母と空母が直接戦闘したのは、これが史上初めてのことでした。

この時の日本側の南洋部隊を指揮したのは、井上成美第四艦隊司令長官です。井上が指揮するこの南洋部隊の任務は、アメリカとオーストラリアを分断する目的でポートモレスビーを攻略し、珊瑚海の制海を得ることにありました。

それを阻止すべく、アメリカは空母二隻（ヨークタウン、レキシントン）を珊瑚海に派遣します。そして米豪の連合部隊と空母瑞鶴《ずいかく》、翔鶴《しょうかく》、祥鳳《しょうほう》等から成る、井上率いる南洋部隊は珊瑚海で遭遇し、ここで世界初の空母対空母による直接戦闘が行われました。

二日間に亘る戦闘の結果、日本は空母の祥鳳は沈没、翔鶴が大破、アメリカはレキシントンが沈没、ヨークタウンが中破と、双方に大きな被害がでて海戦は終わります。

被害状況を比べると、この海戦は「引き分け」であったと見ることもできるでしょう。しかし、日本の作戦目的であったポートモレスビー攻略ができなかったこと、そして真珠湾からの連戦連勝にストップがかかったこと等、この海戦は日本側では大失敗と評価されました。

そして、指揮官であった井上は海軍省や軍令部から集中砲火を浴びることになりました。

「4F（第四艦隊）の作戦指導は消極的」

「弱虫」

「バカヤロー」

「戦下手」

以前から井上を快く思っていなかった海軍首脳は、ここぞとばかりに井上を批判しました。

しかし、井上にこの作戦失敗の責任をすべて押し付けるのには、反論すべきところもあります。第四艦隊には旧式の艦が多く、また広大なエリアに対してその兵力は十分ではありませんでした。また、日本側の暗号が漏洩していたために、米海軍の空母部隊の進出を招いたことも、井上の責任とは言えません。

「戦下手」との評価は、むしろ井上が開戦前に海軍省や軍令部の方針に度々反対していたことから、井上に対する不満が爆発したとも言えます。

この珊瑚海海戦の翌月の六月五日、ミッドウェー海戦で日本は四隻の正規空母を失いました。この大敗をきっかけに戦局は大きく変化していきます。しかし、これだけ大敗したにも関わらず、指揮官の南雲忠一は井上ほどの批判は受けていません。それどころか、南雲は第三艦隊司令長官に転任し、再び指揮官として空母部隊を任されました。

ミッドウェー海戦から二ヶ月後の八月七日、米軍はガダルカナル島へ上陸を開始し、本格的反攻に出ました。以後、日米海軍の戦いは南太平洋を中心に激化していきます。

海軍兵学校長の草鹿任一は、同年一〇月一日付で第一一航空艦隊司令長官に任じられ、ラバウル島へ進出する途中でトラック島に立ち寄りました。そこで草鹿は兵学校同期の井上と連合艦隊旗艦「大和《やまと》」艦上で対面しました。

士官室での会食には、山本五十六司令長官、井上、草鹿の外に近藤信竹《こんどうのぶたけ》第二艦隊司令長官もいました。この場で、近藤は草鹿に尋ねます。

「草鹿君、君の後任の兵学校長には誰が行くんだい？」

「井上、嶋田《しまだ》（海軍大臣）が君を兵学校長にしたいと言ってきたので、承知しておいたよ」

井上は驚いて答えます。

「あなたもよく知っている通り、私はリベラルですから、近頃のような教育には向きませんよ」

山本司令長官は微笑みながら言いました。

「まあ、海軍省に行ってみな……」


井上は急遽トラック島から空路帰国し、海軍省へ向かいます。

当時の海軍大臣は嶋田繁太郎《しまだしげたろう》、海兵三二期、日米開戦時の海軍大臣でもあり、井上が最も嫌っていた男の一人でもありました。

「私は高いところに立って、聖人君子の道を言って聞かせることは最も嫌いな変わり種で、一言で申せばいわゆる教育家等と言われる人からは程遠い人間だと思っております。如何なる理由で兵学校長にしたのですか」

嶋田海軍大臣は答えました。

「私は君が適任だと思っているよ。君が一年かけて研究した一系問題（海軍教育の兵科、機関科統合問題）を実施しようと思うので、君に校長になってもらうことにした」

井上はそれを聞いて納得します。

「これまで海軍省は、兵学校長のような重要ポストを一年くらいで次々と代えてきました。あれでは何もできません。私は立派な士官を育てて戦場に出してやりたいと思っていますから、三、四年は校長をやらせてください」

「そうもいかんよ。あと二年もすれば君は大将だよ」

「私は別に大将になりたい等と思いません。その時がきたら、私を中将のまま予備役にして、ご招集して兵学校長にして下さい」

この頑固で理屈っぽい井上に、嶋田はきっと閉口したことでしょう。

井上を兵学校長にする表向きの理由は「一系問題」でしたが、実際には「戦下手」と批判された珊瑚海海戦での井上の指揮がその大きな理由だったと思われます。

井上は昭和一七年（一九四二）一一月一〇日江田島に赴き、海軍兵学校長に着任しました。（正式な発令日は一〇月二六日）

この井上の校長就任により、江田島は大きな変化を遂げることになるのです。

●歴代海軍大将の写真なんか外せ

当時の兵学校は、井上が生徒として学んでいた頃とは大きく変わっていました。

海軍兵学校生徒の定員はその時代によって異なりますが、初期の頃は別として（前述の通り一期生は二名、山本権兵衛の二期生は一七名でした）、昭和の時代は概ね百から二百名の間で推移していました。井上の三七期は一八〇名が卒業しています。

井上が校長に着任した時の生徒は、七一期から七三期です。

七一期は五八〇名、七二期は六二五名、七三期は九〇二名、そして新たに入校した七四期は一〇二四名と大型艦の建造や航空隊等の急激な軍備拡張と戦争での人員の消耗により、その定員は爆発的に増えていました。

なお、海軍兵学校の卒業生は全部で二五七九四名ですが、そのうち七五期から七八期まででで半分以上の一四六一〇名を占めています。太平洋戦争中にいかに多くの若者を採用したかを数字は物語っています。

やがて江田島だけでは生徒を収容できなくなったので、昭和一八年（一九四三）には岩国分校、昭和一九年（一九四四）には大原分校（江田島内）と舞鶴分校、昭和二〇年（一九四五）には針尾分校（現在の長崎県佐世保市、ハウステンボスがあるところです）が開校しています。

変わったのは生徒数だけでなく、生徒の気質にも変化が起こっていました。より国粋主義的な考えをする生徒が増えていて、江田島の教育はむしろ自由主義的で好ましくないと感じていた生徒もいたようです。

そんな中で着任した井上校長に対して若手の教官や生徒の中には、

「四艦隊の元長官など信用しかねる」

と、斜に構えているものが少なからずいたようです。

着任した井上が昭和一一年（一九三六）に完成した教育参考館を視察すると、そこには歴代海軍大将の額が飾ってありました。井上が嫌う嶋田の写真もそこにありました。

「歴代大将の半分は国賊だ。学生の手本となる者はほとんどいない」

井上はそう言って、掛けてあった歴代海軍大将の額を全部取り外すよう指示したのです。長い歴史のある会社や学校には、創立以来の歴代の社長や校長の写真が飾ってあることがあります。それは、社員や教官、学生に組織に対する忠誠心や愛着を植え付けるのに効果があると言えるでしょう。

井上の考えは全く違いました。

それは決して個人的な怨恨からやったことではありません。

井上は対米戦争回避が信条で、対米戦争に舵を切った島田繁太郎海軍大臣や永野修身軍令部総長らを特に強く批判していました。また、日露戦争の英雄ながら、晩年は艦隊派に担がれていた東郷平八郎でさえ批判の対象にしていました。日本を対米戦争に導くような愚策を行った海軍大将は、等しく国賊だということだったのでしょう。

もちろん、歴代の海軍大将の中には、井上が尊敬した米内光政のような人もいます。しかし、井上は全ての額を外させました。

ここに、この難局に兵学校長になった井上の不退転の決意を感じます。

戦後、井上は歴代海軍大将の額を取り外させた理由について、次のように語っています。

「許しがたいと思うのは、太平洋戦争が始まる時の、ぐうたら兵衛に追従して国を危うくした奴、私はこいつらの首を切ってやりたいと思うぐらいに憤慨していました。それで私は『兵学校の校長の時には飾ってある大将の額をみんな降ろせ』と言った。誰と誰は残せというわけにはいかないから、みんな降ろさせたのです。『そんなことができるのは、井上中将だけでしょうねえ』と言っていたが、あの傍らに特殊潜航艇で戦死した少尉や中尉の遺品が並べられて本当に頭が下がる思いがしたが、それと比べてどっちが偉いのだ」

●軍事学より普通学を

戦後に、あるジャーナリストが井上にインタビューをしています。

「井上さんは、生涯をリベラリストとして貫かれたということですね」

すると井上は平然とした顔で答えました。

「いや、その上にラディカルという字が付きます」

兵学校長として井上がやることは、当時の教官や生徒たちには「ラディカル（過激な、急進的な）」に見えたことでしょう。

着任した井上が目にした生徒の姿は、自分の頃とは随分違っていました。

生徒たちは朝から晩まで忙しそうに走り回り、生徒の表情にゆとりがなく、緊張のあまり顔が引きつっていました。

着任後、井上は戦時中にも関わらず、教育の重点を軍事学から普通学に置くことに取り組みます。当然ながら武官教官の強い反発を招きました。

しかし、井上の信念は変わりません。

「自分が目指したのは兵隊作りではない、生徒をまずジェントルマンに育てようとしたのだ。ジェントルマンの教養と自恃の精神を身に付けた人間なら、戦場に出て戦士としても必ず立派な働きをする。だから基礎教育に不可欠な普通学の時間を削減してはいかん。減らすなら軍事学の方を減らせ。英語の廃止なぞ絶対に認めない。江田島伝統の教育目標は、二十年三十年の将来、大木に成長すべき人材のポテンシャルを持

たしむるに在って、目先の実務に使う丁稚《でっち》を養成するのではない。戦争へ行って今すぐ役に立つ人間ばかり欲しいなら、海軍砲術学校、海軍水雷学校、海軍潜水学校等所謂術科学校だけ残して、兵学校そのものは廃止すべきである」

ジェントルマン教育といえば、海軍兵学校初期のダグラス中佐が思い出されます。井上の教育は、兵学校教育の原点に戻そうとする取り組みとも言えるかもしれません。

第 43 代校長の井上成美

井上は、急増する生徒に自分の考えを伝えることは困難であると判断し、自分の教育方針を教官と生徒に徹底するために、「教育漫語《きょういくまんご》」という印刷物を配布することにしました。「教育漫語」なるタイトルは、井上が「方針」と言われることを嫌ったため、教官たちに問題を提起するという趣旨で名付けたといいます。

そこには井上の考え方が明確に示されてい

ます。

「如何なる将校を養成し度《た》きか。

帝国海軍教育の根本方針は厳然として存す。校長の意を以って変更あるべき筈なし。只本職今次の戦争に於いて特に強調するの必要を感じたるもの二あり。

勇敢なる将校を養成し度きことと、原始的且つ素樸なる生活に耐える気力と体力とを有する将校を養成し度きことこれなり。

本校の生徒教育は、一方海軍士官として一般社会の儀表《ぎひょう》となるべき気品ある高き人格を望み又学術に於いては現代文化の最尖端に立ちて之を理解活用し得る高度の学識技術あるを求め、他方戦争その他の実務に当たりて困苦に耐える気力と体力とを具ふるを要す。この三者の要求並存する処に生徒の大なる負担あるとともに又教育の任にある吾人の非常なる研究と努力とを要するなり」

個別の問題に対する井上の考え方について、この「教育漫語」からいくつか引用してみます。

「躾には時には軽度の体罰を必要とすることあり。

之が実施は是非共簡明直截《ちょくせつ》、男性的にして後口《あとくち》の悪からざる様注意を要す」

「外国語は海軍将校として大切なる学術なり」

「歴史教育に於いては史実を暗記せしむる必要なし。国家興亡の因って来る因果を正確に把握するよう『歴史の読み方』を教えるべし」

「教育は習いたる事を自己にて考え思案して初めて自己のものとなる。自学とは習わずして初めより思案によりて習得するなり」

「生徒には対しては、『成績は優秀なれ。但し席次は争うべからず』と教えられたし。なお、生徒に対し『自己を少しは海軍の御役に立つ人間と考えるならば、自己より優れたる人は一層海軍の御為になる人物なりと考えこれを尊敬すべく、非常に優れたる

人物は之を海軍の至宝と考え、この人を尊敬し大事にし、その発展向上を喜ぶ様にすべし。自分より優秀なる人物を恰《あたか》も自己の生存競争の競争相手にでもあるが如く考え、競争意識を働かすが如きことなき様』指導し度し」

鈴木貫太郎の時代に禁止した体罰に関してやや容認しているところは意外ですが、それ以外のことについてはなるほどと思わせます。

席次に関する所見は、海軍兵学校の卒業時のトップクラスが海軍の要職について、結果として日本を戦争に導いてしまったことへの反省なのかもしれません。歴代の海軍大将の額を外させたこととも関連があるのでしょうか。その井上自身も、三七期の次席卒業でした。

続いて、井上は普通学重視の方針の中から国粋主義的な教育を排除します。前述の通り、この頃、海軍兵学校では平泉澄博士の「皇国護持の道」の講演が復活していました。井上は、この講話にストップをかけます。

「あの人の話を、年少の生徒たちにそのまま聞かすわけにはいかない」

しかし、すでに本人にも講話依頼が伝えられていたことから、井上は妥協案として生徒には聞かせず、教官への講話とすることにしました。

当時、海軍兵学校の文官教官の中には、平泉博士の弟子に当たる者もいました。当然ながら、井上の処置に反対しますが、井上は反論しました。

「あの人の講義は、紙屑の中から南朝のことか何か書いた古い短冊を拾い出してきて、ただ節をつけて有難く拝んでるようなもんで、御信仰なら仕方ないけど、近代的な意味でのヴィッセンシャフト（ドイツ語で科学、学問の意味）とは言えないでしょう」

話は平行線をたどりましたが、井上は他にも陸軍士官学校生徒と海軍兵学校の生徒間の文通を禁止したりして、兵学校に国粋主義的な危険な思想が流入しそうになるのを防いだのでした。

●青田を刈っても米は取れない

当時、軍令部は兵学校の教育期間の短縮を進めていました。七一期までは三年の修業年限を確保していましたが、戦争の進展に伴い多くの兵が必要となったことから、七二期は二ヶ月短縮して二年一〇ヶ月、七三期は二年六ヶ月、七四期は二年と軍令部は更なる短縮案を井上に示します。

井上は激しく反発しました。この軍令部の方針は、井上の「二〇年三〇年の人材を作る」という方針と真っ向から対立するものでした。

昭和一九年（一九四四）三月、軍令部は七三期の卒業式に陛下御名代として高松宮海軍大佐を江田島に派遣しました。卒業式の後の夕食会で、高松宮大佐は井上に切り出します。

「次のクラス（七四期）から、教育年限をもう一段短縮できないものですか」

井上は答えます。

「その御下問は、宮様としての御下問でございますか。それとも軍令部員としてお尋ねになるのでございますか」

高松宮大佐が後者だと答えると、

「お言葉ながら、これ以上年限を短くすることは御免蒙ります」

ときっぱりと断ったといいます。

同年五月、今度は永野修身元帥が江田島を訪れました。高松宮大佐で井上を説得できなかったので、現役最先任の元帥による説得を試みたのです。しかし、井上の態度は変わりませんでした。

「私は米造りの百姓です。中央でどんなに米が必要か知りませんが、青田を刈ったって米は取れません」

井上の激しい抵抗はあったものの、結局嶋田海軍大臣は七三期の教育年限を二年四ヶ月に短縮して発令しました。しかし、その後の交渉により、七四期の修業期間は七三期と同じ二年四ヶ月とされ、それ以降はカリキュラムの見直しで対応することとされました。一応歯止めがかかった形にはなりましたが、井上は納得しなかったことでしょう。

永野が江田島に来るずっと前のことですが、鈴木貫太郎が突然江田島に現れたことがありました。二・二六事件で重傷を負ってからは侍従長の職を退き、枢密顧問官枢密院副議長という肩書は一応ありましたが、実質的には隠居の身でした。

鈴木は赤レンガの特別室に案内され、そこで井上校長と面会します。

「井上君、兵学校の生徒教育の本当の効果は大体二十年後に現れる。いいか、二十年後だぞ、井上君」

その鈴木の言葉に、井上は大きく頷いていたといいます。
思えば井上は、宗谷の艦長だった鈴木貫太郎から多くの影響を受けていたのでしょう。井上の脳裏には、鈴木艦長時代に貰った「奉公十則」が焼き付いていたのかもしれません。井上もやはり困難な仕事に自ら立ち向かっていたのでした。

「**易き事は人に譲り難き事は自らこれに当たるべし（鈴木貫太郎：奉公十則）**」

●英語は絶対にやめない

井上の兵学校長時代の取り組みの中で、英語教育は一丁目一番地でした。

この頃、日本全体で英語を排除する運動が高まっていました。大日本体育会はラグビーを「闘球」、ゴルフを「打球」とする等、外来スポーツの日本語への改名を進め、日本野球連盟もストライクを「よし」、ボールを「ダメ」、三振を「それまで」とする等、日本社会全体で英語を排除する動きが広まります。

陸軍は英語の廃止を積極的に進め、陸軍の装備の名称からも英語由来のものをなくしてしまいました。そして、昭和一五年（一九四〇）の秋には、陸軍士官学校は採用科目から英語を除外してしまいます。

その影響もあってか中学でもろくに英語を教えなくなり、成績優秀で身体も強健だが英語ができない学生は、海軍兵学校を避けて陸軍士官学校を目指す傾向が顕著になり始めます。

これを憂慮した海軍省教育局は、海軍兵学校の採用試験から英語を廃止することについて、兵学校に打診をしました。

兵学校の教官は全員が廃止に賛成し、井上校長に上申しますが、井上はこれをきっぱりと拒否しました。

「一体どこの国の海軍に、自国語一つしか話せないような兵科将校があるか。そのような者が世界に出て、一人前の海軍士官として通用しようとしても、通用する訳がない。英米海軍のオフィサーならフランス語、スペイン語、吾人の場合は最小限英語、この研究会でも繰り返し言っている通り、海軍の将校たらんとする人間にとり、英語は必須不可欠の学術であり技能である。海事貿易上、英語がこんにち尚世界の公用語として使われているのは、好むと好まざるとに拘わらず明らかな事実であって、事実は素直にこれを事実と認めなくてはならぬ。試験に英語があるのをいやがって、秀才が陸軍に流れるというなら流れて構わない。外国語一つ真剣にマスターする気のないような少年は、海軍の方でこれを必要としない。私が校長の職に在る限り、英語の廃止というようなことは絶対に許可しない方針であるから左様承知しておいてもらいたい」

教官らは井上の方針に猛反発しましたが、井上はこの件についても絶対に折れませんでした。その結果、英語廃止案は立ち消えとなって、七五期以降の採用試験にも従来通り英語が行われることになりました。

さらに井上は、英語を和訳することを禁止、英英辞典を生徒分購入することも行っています。井上はその理由を次の通り語ったといいます。

「『デューティ』とか『サーヴィス』という言葉を日本語に訳してもその意味やセンスが正しくつかめないのは、『わび』とか『さび』という日本語を英語に置き換えるのが難しいのと同じだ」

七二期の卒業式の時にも、英語を巡って論争が起こりました。

兵学校の卒業式では、古くからの慣例として外国の曲が二つ演奏されていました。一つは、成績上位者への恩賜の短剣授与の時に流れるヘンデルの「見よ、勇者は帰る」、これは今の日本でも卒業式や授賞式でよく流れる曲です。もう一つは、卒業生が隊伍を組んで行進し、表桟橋から内火艇に乗るまでの間に流れるスコットランド民謡の「オールド・ラング・サイン」です。日本では「蛍の光」という名前で誰でも知っている曲です。

ヘンデルは当時の同盟国のドイツ人ですので「見よ、勇者は帰る」は問題となりませんでしたが、スコットランド民謡の「オールド・ラング・サイン」は敵性音楽だから変えろと一部の教官らが騒ぎ出したのです。音楽隊による演奏ですから、別に英語が流れるわけでもありません。ただ作詞者がスコットランド人だというだけのことです。しかし、当時の中学校や国民学校では、この曲「蛍の光」が歌われなくなっていたのです。

このような意見を井上は一蹴しました。

「名曲は名曲、時代や作曲者の国籍と関係ない」

こうして七二期の卒業式でも、例年通り二つの曲が演奏されました。

なお、海上自衛隊幹部候補生学校の卒業式では、今も「得賞歌（見よ、勇者は帰る）」と「蛍の光（オールド・ラング・サイン）」が演奏されています。それは、井上が頑として英語廃止を拒絶したからだと言えるかもしれません。

戦時中にも関わらず普通学を重視し、英語廃止の圧力をはねつけた井上のその真意はいったいどこにあったのでしょうか。

「あと二年もすれば日本が戦争に負けることははっきりしている。その時社会の荒波の中に投げ出されるこの少年たちに、社会人として生きていくための基礎的な素養だけは身につけさせておいてやるのが私たちの責任だ」

すでに井上は戦争に勝てないことを見越して、この海軍兵学校で学ぶ生徒たちに、戦後の日本を支える基礎教育を施そうとしていたのです。

先を見越した井上の眼力には、ただただ敬服するばかりです。

しかし、現実はより残酷でした。

井上が校長として送り出した七一期の卒業生五八一名中三二九名が戦死、七二期は六二五名中三三七名が戦死、七三期は八九八名中二八三名が戦死しています。この頃には卒業生の約半数が戦死するのが常態化するという異常事態になっていたのです。

卒業してすぐに次々と死んでいく生徒たち。もはや日本を救うにはこの戦争を終わらせるしかないと、井上校長は考えたのではないでしょうか。私にはそう思えてなりません。

井上は入校式と卒業式でしか訓示はしませんでした。生徒数が大幅に増えていたので、そもそも全員を集めるような場所もなかったことでしょう。そのために「教育漫語」を配布したのは前述の通りです。

昭和一九年（一九四四）三月二〇日の七三期の卒業式では、太平洋戦争に関して、率直に厳しい状況を語っています。

「顧みれば大東亜戦争発動以来、帝国海軍は米英並びに蘭印海空軍を撃砕して赫々《かくかく》たる戦果を挙げ、現に太平洋及び印度洋全海域に於いて真に雄渾《ゆうこん》なる作戦を遂行中であるが、また米英は国内の豊富なる資源と生産力とを総動員して、厖大《ぼうだい》なる軍備を完成し、短期決戦を呼号して今や総反撃の歩を進めつつあるは諸子の熟慮する所であり、帝国海軍の責務まことに重大と言わざるを得ないのである。

この重大な時局下諸子は本校卒業と共に一部は練習航空隊に入隊、一部は艦隊に配乗ある者は直ちにある者は旬月を出ずして第一線に立ち、先輩と共に千載一遇の聖戦に参加することとなるのである。諸子の胸中誠に雄心勃々《ゆうしんぼつぼつ》くるものがあるであろうが、すべからくこの際心の平静を失わず、自己の修養研鑽に努め、今後累加される諸子の職責を遺憾なく遂行していかなければならぬのである」

三、四年は兵学校長をやらせてほしいと言って就任した井上でしたが、校長として二年を迎える前の昭和一九年（一九四四）八月に海軍次官を命ぜられ、米内光政海軍大臣の下で終戦工作に取り組むことになります。

●終戦工作：井上成美と高木惣吉

井上の退任後は、井上の海兵同期（三七期）の校長が二代続きました。大川内傳七《おおこうちでんしち》は昭和一九年（一九四四）八月に就任しますが、一〇月のレイテ沖海戦で連合艦隊が壊滅的な敗北を喫した後、就任わずか三ヶ月後に南西方面艦隊司令長官として転出します。

大川内の後任には小松輝久《こまつてるひさ》（北白川宮輝久王《きたしらかわのみやてるひさおう》、この時には臣籍降下していました）という皇族出身の人が校長になりました。皇族出身者初の海軍兵学校長です。小松輝久は、皇族は天皇陛下の許可で入学できるという慣例を破って、一般の者と同じ試験を受けて入学し、兵学校での成績も慣例では皇族は常に首席とされていたところを、特別待遇を受けることを拒否して、実力で卒業した豪傑でした。ちなみに卒業時の席次は二六番だったようです。

しかしこの人は運が悪く、校長就任の一週間後に新柔・剣道場が原因不明の出火で全焼した責任を取らされてわずか二ヶ月で退任し、軍令部出仕になった後に予備役になりました。さらに戦後は第六艦隊司令長官の頃の部下の国際法違反の責任を問われて、ＢＣ級戦犯として実刑判決を受け、昭和三〇年まで巣鴨プリズンに収監されました。

海軍次官になった井上は、直ちに米内海軍大臣に終戦に向けた研究をすることの承認を求めました。

「現在の情況はまことにひどい。江田島で私が想像していた以上です。日本の敗戦は必至で、このまま戦を続ければ、それだけ人命資材国富を失うばかりでなく、和平の条件も日に日に悪くなります。一日も早く戦をやめる工夫をしなくてはなりません。今から私は、極秘裡に、如何にして戦争を集結させるかの研究を始め

ますから、大臣限りに御承知置き下さい。及川軍令部総長にだけは、私から申し上げます。研究の実地の衝に高木惣吉教育局長を充てたいと思いますので、併せてこれも御諒解願います」

米内は異論なく、井上の提案を了解しました。

高木惣吉とは、井上が最も信頼していた男の一人でした。

終戦時の海軍大臣 米内光政

高木は海兵四三期、海軍大学校を首席で卒業した逸材ですが、途中で体調を崩したため、その後は療養しながら陸上勤務が長くなりました。井上と初めて会ったのは、高木がフランス海軍武官補佐官、井上がイタリア大使館付武官の時だったようです。

高木は昭和四年（一九二九）一一月、フランスから帰国後、海軍大臣副官になりますが、激

終戦の研究をした高木惣吉

務がたたったのか、昭和七年（一九三二）には肺尖炎に罹り医師の指導により茅ケ崎の借家で二ケ月静養することになりました。

高木が家族と共に新橋駅のホームで茅ケ崎行の下り電車を待っていると、そこに突然井上が現れます。

「その病気は、豆腐を丸めるようにそっと養生しておけば大丈夫だから、くれぐれも功を焦らず自重するように」

わざわざ見送りに来てくれた井上に、高木は感動したといいます。

米内海軍大臣の了解を得た井上は、早速高木に終戦の研究を指示しました。

「こんな仕事を戦に打ち込んでいる局長連中に言いつけるわけにはいかない。大臣は君にやってほしいと言っている。いいか」

「承りました。御期待にそえるかどうかわかりませんが、最善を尽くします」

「このことは、大臣と総長と私しか知らない。海軍省の内部でさえ漏れては困るので、君は病気休養の名目で出仕になってもらうつもりだ。いいね」

こうして高木は、今回は茅ケ崎の借家ではなく、海軍大学校内の一室で病気を装いながら密かに終戦の研究を始めたのです。

●最後の海軍兵学校長：栗田健男

昭和一九年（一九四四）六月のマリアナ沖海戦での大敗の後、大本営は乾坤一擲《けんこんいってき》の作戦である「捷一号作戦」を発動します。連合艦隊は戦艦「大和」、「武蔵」を含む残存の主力艦艇のほとんどを集めてフィリピン周辺海域を目指しました。

第二艦隊司令長官栗田健男中将が率いる第一遊撃部隊は、レイテ湾に突入しアメリカの輸送船団を撃滅する方針でしたが、アメリカの主力艦隊が北方にいるとの情報を受けた後に混乱し、歴史的に有名な「謎の反転」でレイテ湾突入を中止しました。

その後の海戦で、戦艦「武蔵」を始め空母四隻、戦艦三隻、重巡六隻、軽巡四隻等を失いました。連合艦隊はこの海戦の敗北でほぼ壊滅したと言えます。

後世の歴史家の多くは、作戦の失敗は栗田の「謎の反転」にあったと評価しました。戦後栗田は、反転の理由について多くを語らなかったといいます。

レイテ沖海戦での敗北後の昭和二〇年（一九四五）一月一五日、栗田は海軍兵学校長に就任しました。この時には、「レイテの敗将を兵学校長に据えた」との批判も上がったようです。すでに米内海軍大臣、井上海軍次官、そして高木惣吉らによる終戦の研究が始められていました。

このような中、同年三月には海兵七四期一〇二四名が卒業しました。卒業式で、栗田は次の通り訓示しています。

「戦局は益緊迫苛烈の度を加う。而してこの危局に対処し克《よ》くその任を完うし得る者は、暴虎馮河《ぼうこひょうが》の士に非ず。また、慷慨激越《こうがいげきえつ》の士にも非ず。如何なる困難危急に際会するも堅忍持久、死を恐れず従容《しょうおう》としてその職域を堅守し得るの士なり。これ崇高なる責任観念に徹する忠誠勇武の人に非ざれば克くする能わざる所なり。

諸子は宜しく思う。茲《ここ》に致し今後心身の修養に一層の工夫を凝すと共に、必勝の信念を固め、各その職務に精励すべく部下を率いては自らその陣頭に立ち、命あらば敵然として死地に赴き得るの準備を完整し、以って神州護持の大任を全うするに萬遺憾なきを期すべし」

レイテ沖での戦いを経験した栗田の訓示は、「困難な中でも死を恐れず、崇高なる責任感を持ち、部下を率いて陣頭に立って、命がけで国を守れ」という非常に重みのある言葉でした。この七四期も終戦までの約五ヶ月で一六名が戦死しています。

同年四月三日には海兵七八期生四〇四八名（四〇三二名との指摘もあります）が海軍兵学校針生分校に入校してきました。

海兵七八期が入校した四日後、鈴木貫太郎に内閣総理大臣の大命が下ります。

栗田の校長としての任務は、終戦に向けて海軍兵学校をどうするかという極めて困難な問題に直面することになったのです。

鈴木が総理大臣に就任したその日、戦艦大和を中心とする海上特攻隊は呉を出港して沖縄に向かいました。沖縄での戦いはすでに三月に始まっていました。沖縄での戦いに投入

第46代校長の栗田健男

される予定の海上特攻隊でしたが、米海軍の航空攻撃を受けて、戦艦大和を始め多くの艦が沈没し、最後の海上作戦も失敗に終わりました。この戦いで、連合艦隊は完全に戦闘能力を失いました。

この年の三月と七月には米海軍の機動部隊から呉の軍港への空爆が行われました。江田島上空をアメリカの爆撃機が飛行するほど、戦況は悪化していたのです。

この時の空襲の様子を、当時生徒だった海兵七四期の生出寿《おいでひさし》という人が述懐しています。

「三月一九日の月曜日、午前、空襲警報で全校生徒は、練兵場、生徒館横等の防空壕に退避した。米機動部隊の艦載機約三百機が、呉軍港のわが残存艦艇を空襲に来たのである。

緑色の略装の四〇一分隊員たちは、練兵場中央海岸寄りの防空壕に入り、私は入口のところから、呉軍港の空を見ていた。多数の米艦載機が急降下しては舞い上がる。下からの砲火もすごく、空が真っ黒になっている。敵機は落ちない。

日本の戦闘機は一機もいない。千代田艦橋向こうの小用峠上空から、機銃掃射しながら降りてくるボートシコルスキーが見えた。

身を引くと、ドスッという音がして、入口左一メートル付近に土煙りが立った。射撃が正確だと思った。兵学校の砲台の上や生徒館屋上から、二〇ミリ機関銃が曳痕弾を撃ってくる。しかし、すべての敵機の後方を通り、空しく折れ曲がり、放物線を描いて落ちてゆく。

この兵学校開校以来の初空襲で、七四期の小山義次、下田隆夫、七六期の佐原三次の三人が敵機に撃たれて死んだ。防空壕の入口で見ていて、危険を感じるひまもなく機銃弾が当たったらしい」

その後の終戦までの経過は次の通りです。

昭和二〇年（一九四五）六月二三日　沖縄での主要戦闘終結
昭和二〇年（一九四五）八月六日　広島原爆投下
昭和二〇年（一九四五）八月九日　長崎原爆投下

昭和二〇年（一九四五）八月一四日　ポツダム宣言受諾
昭和二〇年（一九四五）八月一五日　終戦（玉音放送、日本政府による武装解除、降伏命令）
昭和二〇年（一九四五）九月二日　降伏文書（休戦協定）調印

終戦の流れを作ったのは、鈴木貫太郎首相、米内光政海軍大臣、井上成美海軍次官でした。その陰で井上の命を受けて終戦研究を行っていた高木惣吉の功績も、もちろんはずすことはできません。

八月一五日の正午、江田島で玉音放送が生徒全員の前で流されました。全員が放心し、そして泣き崩れたと伝わります。副校長の大西新蔵《おおにししんぞう》少将は、生徒総員の前で「日本は降伏した。これは三千年の我が国の歴史の中で永久に忘れることのできない痛恨事である。このような現実の前に立って、血気にはやって軽挙することなく、くれぐれも自重せよ」という趣旨の訓示をしたと伝わります。

終戦を受けて栗田に課された任務は、兵学校分校も含めて約一万四千人在校していた七五期から七八期生徒の復員でした。当時の海軍省では、生徒を全員江田島に集めて再教育してから社会に戻すべきではないかとの意見も出ましたが、栗田は早期の復員を決意します。再教育案は、あまりにも現実と乖離した受け入れがたいものだったのでしょう。もう卒業式等をやれる状況ではありません。準備ができた生徒から順に江田島を去っていきました。生徒に何もしてやれずに、ただ送り出すだけの栗田校長にとって、それは断腸の思いだったことでしょう。

迅速に諸々の手配をした結果、八月末には生徒の復員はほぼ完了しました。

そして、一〇月二〇日を以って海軍兵学校が閉校されることが決定します。

栗田はこのような中で、ある文書の起案に取り掛かっていました。

歴代校長は着任と離任時に必ず訓示をしています。また、海軍兵学校の卒業生には必ず卒業証書が手渡されていました。栗田は、江田島や分校で終戦を迎えて、訓示も卒業証書もなく海軍兵学校を去った約一万四千名の生徒たちに、最後の訓示を行うことを決意したのです。

栗田は、実質的にたった七ヶ月の兵学校長でした。戦争中で空襲もあったことから、校長と生徒が酒を飲んで語り合うようなこともなかったでしょう。それでも栗田には生徒に対する熱い思いがあったのだと思います。

訓示をするといっても、もうすでに江田島にも分校にも生徒はいません。栗田の訓示は印刷され、復員した生徒総員に郵送されました。

この海軍兵学校長最後の訓示は大変重要なものですので、全文を紹介したいと思います。

「昭和二十年九月二十三日　校長　生徒に対し離別の訓示（本訓示は生徒既に復員し在校しあらざる為、後日文書を以って伝達せり）

訓　示

百戦効空しく四年に亘る大東亜戦争ここに集結を告げ、停戦の約成りて帝国は軍備を全廃するの止む無きに至り、海軍兵学校また近く閉校され、全校生徒は来る十月一日を以って差免のことに決定せられたり。

諸子は時恰《あたか》も大東亜戦争中、志を立て身を挺して皇国護持の御盾たらんことを期し選ばれて本校に入るや、厳格なる校規の下加ふるに日夜を分かたざる敵の空襲下に在りて、よく将校生徒たるの本分を自覚し、拮据《きつきよ》精励一日も早く実戦場裡に特攻の華として活躍せんことを希《ねが》いたり。また本年三月より防空緊急諸作業開始せらるるや、鉄槌を振るって堅巌に挑み、あるいは物品の疎開に建造物の解毀作業に、あるいは簡易教室の建造に自活諸作業に、酷暑と闘い労を厭《いと》わず尽瘁《じんすい》これ努めたり。

然るに天運我に利あらず。今や諸子は積年の宿望を捨て、諸子が揺籃の地たりし海軍兵学校と永久に離別せざるべからざるに至れり、惜別の情何ぞ言うに忍びん。また諸子が人生の第一歩に於いて目的変更に余儀なくせられたること、誠に気の毒に堪えず。

然りと雖《いえど》も諸子は年歯尚若く、頑健なる身体と優秀なる才能とを兼備し、加ふるに海軍兵学校に於いて体得し得たる軍人精神を有するを以って、必ずや将来帝国の中堅として有為の臣民と為り得ることを信じて疑わざるなり。

生徒差免に際し、海軍大臣は特に諸子の為に訓示せらるる処あり。また、政府は諸子の為に門戸を開放して進学の道を拓き、就職に関しても一般軍人と同様にその特典を与えらるる。兵学校亦監事たる教官を各地に派遣して、漏れなく諸子に対し海軍の好意を伝達せしむる次第なり。

惟《おも》うに諸子の先途には幾多の苦難と障碍と充満しあるべし。諸子克く考え克く図り将来の方針を誤ることなく、一旦決心せば目的の完遂に勇往邁進せよ。忍苦に堪えず中道にして挫折するが如きは、男子の最も恥辱とする処なり。大凡ものは成る時に成るに非ずして、その因たるや遠く且つ微なり。諸子の苦難に対する敢闘はやがて帝国興隆の光明とならん。終戦に際し下し賜える詔勅の御趣旨を体し、海軍大臣の訓示を守り、海軍兵学校生徒たりし誇りを忘れず、忠良なる臣民として有終の美を済さんことを希望して止まず。

ここに相分れるに際し、言わんと欲すること多きも又言うを得ず。唯々諸子の健康と奮闘とを祈る。

昭和二十年九月二十三日

海軍兵学校長　栗田健男」

この最後の訓示は、一〇月一日以降に市町村を通じて印刷物として全国に散らばった生徒に渡されました。そして後日、七五期には卒業証書、七六期から七八期には修業証書が送られました。

レイテの敗将等と言われた栗田ですが、海軍兵学校長として生徒の将来を案じ、そして最後の責務を果たしたと言えるでしょう。

昭和二〇年（一九四五）一〇月二〇日、海軍兵学校は正式に閉校し、明治二年（一八六九）九月の海軍操練所以来の約七六年の歴史に幕を閉じました。

絶望の中で栗田の訓示と卒業（修業）証書を受け取った元兵学校生徒たちは、何を感じたのでしょうか。そこには複雑な葛藤があったものと思われます。しかし、井上成美が兵学校長時代に予言した通り、生き残った海軍兵学校の卒業生の多くが、戦後復興の中で大きな役割を果たしました。

第五章　再興期

～海上自衛隊幹部学校に招聘された
二人の海軍提督

●海軍少将高木惣吉の幹部学校特別講義

終戦と共に日本海軍は解体され、海軍省は第二復員省として兵士の復員業務と残務処理に当たることになりました。

江田島にはこの後約一一年間、米軍、英連邦軍等が駐留することになります。

昭和二七年（一九五二）四月二六日、海上自衛隊の前身である海上警備隊が設置されました。

翌年六月から一般幹部候補生課程学生の教育が横須賀地方総監部で始まります。そして、昭和三一年（一九五六）一月一六日、江田島の旧海軍兵学校地区の全てが一一年ぶりに日本に返還され、海上自衛隊の幹部候補生教育は再び江田島で行われることになりました。

また海上自衛隊の最高学府として高等教育を担う海上自衛隊幹部学校は、昭和二九年（一九五四）九月一日、横須賀市田浦《たうら》に設置され同日から幹部教育が開始されました。

幹部学校の初代校長は、安藤平八郎《あんどうへいはちろう》が術科学校長兼務で約二週間務めた後、第二代校長として海兵五四期の中山定義《なかやまさだよし》が就任します。海兵五四期といえば大正一五年（一九二六）

三月二七日の卒業ですので、住山徳太郎や新見政一兵学校長の薫陶を受けたクラスになります。

中山は兵学校を三番で卒業した後は艦隊勤務、海軍大学校甲種学生やプリンストン大学で学んだ後、在ブラジル日本大使館や在チリ日本大使館で駐在武官（補佐官）を務め、終戦時には海軍軍務局、軍令部等で勤務していました。

昭和三六年（一九六一）に中山は、海上自衛隊のトップ、第四代海上幕僚長に就任しています。

中山は幹部学校長に就任するに当たり、次のように考えていました。

「戦後国際情勢は急転回し、我が国は再び自衛力を持つこととなったが、新憲法、核アレルギー、価値観の転倒等々国民感情に基づく諸制約障害は意外に厳しく、今後の国際情勢、戦争紛争の形態、兵器革命等々の変転を想う時、自衛隊のあるべき未来像を素描することすら至難の業と思われる。

したがって、海幹校教育の重要性はいよいよ痛感するけれども、これがため、不可

欠と思われるマハン、秋山級をも超越するような軍事哲学は、果たして確立できるであろうか」

中山は、海上自衛隊の幹部教育の中で精神的支柱に資するような講師はいないものかと考えました。当時、自薦他薦の多くの旧海軍経験者が講師として幹部学校に来ていましたが、その講話の内容は自己弁護に終始したり、または自己を賛美したりとても学術的評価に耐えられるものではなかったようです。中山はこのような講師による授業では、将来の海上自衛隊の幹部を育てることはできないと考えます。そこで、中山は旧海軍経験者の中から、幹部学校の講師としてふさわしい人材の選定に取り組みます。

中山の頭にまず浮かんだのは井上成美でした。しかし戦後の井上は戦争を防げなかったことを恥じて、横須賀市の長井の自宅に籠り、世間との交わりを最小限にしてひっそりと生活していました。中山は井上の招聘を断念します。

井上の講師招聘は諦めた中山でしたが、次に井上の愛弟子のような存在だった元海軍少将高木惣吉に講義の依頼をすることにしました。

井上の下で終戦工作を行っていた高木は、戦後は一旦公職追放されますが、岩波書店から『太平洋海戦史』、また文藝春秋新社から『連合艦隊始末記』の執筆の依頼が来ます。高木はこれをきっかけに執筆活動を始めることになりました。

しかし、高木の著作が世に出ると、様々な方面から高木批判が起こります。

「元海軍大将で寺子屋を開いて英語を教え、わずかに口を糊《のり》している老提督もいる世の中だ。それらに比べれば、高木ほど華々しく時流の脚光を浴びて、とにもかくにも出版界やジャーナリズムの寵児になっている職業軍人はあるまい。しかも元の古巣の海軍に冷たいメスをあてて縦横無尽に解剖手術を行い、あるいは政治を論じ国策を難じ、亡国の政客軍人を料理して、美文才筆をふるってベストセラーズの仲間入りをするというのだから、軍艦で飯を食った連中からすれば寝覚めの悪い男に違いなかろうし、根っからの文民からすれば虫の好かぬサーベルのお化けと思うのは当然の話でもあろう」（『週刊朝日』昭和二五年七月）

銀座界隈では、酔っぱらった旧海軍の老兵から「高木斬るべし」との声があがったとも伝わります。

高木は終戦の記憶を正確に残しておくことが自分の使命であり、これが必ず日本の将来に役立つと考えていましたが、社会全体の雰囲気は必ずしも高木に好意的ではなかったのです。

しかしこのような高木批判に対して、長井で隠棲していた井上成美は高木を励まします。

「構うものか。自由な批判ができなくて何が海軍だ。喉元過ぎれば熱さ忘れる。海軍のいけなかったところを、今のうちにどんどん書いとけ。君たちが、本当のことを後の世代に伝えなくてはいけないんだ」

公職追放解除後は、高木は外務省の経済局に採用になり、週一回経済局で勤務していました。中山は、これを好機ととらえて、高木に幹部学校での講義を依頼します。

しかし高木は、当初この依頼を断ろうとします。高木は、戦後にできた海上自衛隊を「アメリカナイズされた傭兵」、「魂の抜けた軍隊」等と批判していたといいます。しかし、中山の再三の説得に応じて、ついに講義を引き受けることにしました。

講義を引き受けたからには、手を抜かないのが高木でした。入念に資料を読み込んで準備し、詳細な講義ノートを作り上げて、講義に臨みました。

こうして高木の講義は、幹部学校の指揮幕僚課程学生等を対象に、昭和三〇年（一九五五）五月二四日から始まりました。

高木の講義は、日本がなぜ戦争に負けたのか、海軍のどこに問題があったのかについて、遠慮なく自己の考えを学生たちに語りました。

「旧海軍において、海戦要務令に押し込まんとしたのは一方法であったが、これが極端になって、創造的なものを生み出さなければならないときに、教条主義的に押し込められて、動脈硬化に陥ったと思う」

「日本の大臣とか大将という戦時中の人達は、お互いの理解を深めるための努力の不足というか、そういうようなことを全然やっていなかった」

「太平洋戦争の時には、政府および統帥部に人材が乏しかった上に、適材適所を得ていなかった」

「反対意見が出ると、アメリカ、イギリスあたりのように、どこまでも相手が納得するまで説得するというようなことは日本ではやりはしない。反対論があっても、それはそのまま押しつけてさっさと決めてしまう。つまり、実力を持っている者が決めてしまう」

高木は昭和四六年（一九七一）になると、今度は高齢を理由に「東京に通うのが無理なので、学校の講義は断りたい」と申し出ます。すでに高木は七八歳になっていました。困った幹部学校は、「それなら教官と学生が茅ケ崎まで行きますので、このまま講義を続けてください」と言って、以後、湘南海岸の向洋荘というところで講義は続けられます。

高木個人に関しては賛否両論ありますが、「向洋荘談話」と呼ばれたこの講義は、今読んでも本当にためになる話だと思います。高木の言葉をいくつか紹介しましょう。

「芭蕉の言葉に

『古人のあとを求めず、古人の求めたるところを求めよ』というのがあります。

昭和十五年までの帝国海軍の基本的な迎撃作戦計画は、山本権兵衛伯、東郷元帥等の古人の求めたるところを求めたのではなく、古人のあとを求めたのであって、日露戦争の遺物の伝承にすぎなかったのではないでしょうか。山本権兵衛伯、東郷元帥の求めたところは、『祖国を不敗の地位に置く』ことであったと思われます。

昭和の海軍は、果たして山本伯や東郷元帥等の先駆者の求めたところ、すなわちその精神を受け継いだでありましょうか。伝統と伝承とは違うものであります。形式等を伝えるのは伝統ではなく、伝承であります。（中略）

伝統とは伝承ではなく、常に先人を乗り越えて創造することの連続でなければなりません。新しい創造は過去のすぐれた魂が中核でなければなりません。（中略）

旧海軍では教範等の暗記ばかりに狂奔《きょうほん》して、先人や外人の戦術を乗り越えて創造したものは少なかったと言えましょう」

「人生にはリハーサルがききません。本番から本番までの幕合いのない連続でありま

す。また、戦争は碁や将棋とは本質的に違うものであります。（中略）

われわれがリハーサルをいくら重ねても勝利は決して保証されるものではありません。実戦と演習とは異なるものであり、われわれは稽古場大関であってはなりません。第二次大戦時の日本海軍の配員の結果を見てみると、稽古場大関が多かった感があります。結局のところ将の価値は『常にぶっつけ本番に強いかどうか』で定するのであります。（中略）

マハン、クラウゼヴィッツ、ジョミニ等は戦場の名将にはなれなかったが、その戦略は今に生きており、多数の名将を育成しました。カール大公の馬は、七十余度戦場に出ましたが名将にはなれませんでした。幾たび戦争しても負ける者は負け、うつけ者はうつけ者であります。

歴史を作ることは馬鹿でもできるが、歴史を書くことは凡人にはできません」

「自分の好き嫌いで部下の才能、能力、功績を見誤ることがあってはなりません。千里の馬を無駄死にさせることがあります。東郷元帥は、『人には各々長所、短所があるものであるが、それが誠実な者であったら見捨ててはならない』と言っておられます。ウェーベル大将もチャーチルの気に入らなかったと言われているし、ジョミニはナポレオンも驚くほどの名参謀であったが、スイス人であったせいもあり総参謀長ベルチェの憎むところとなり、ロシアへ走ってしまいました」

高木の講義はただ旧海軍を批判しているだけではなく、そこからの教訓を歴史的な文脈から導き出しているというところに意義があると思います。

そして高木は、幹部学校の学生からの質問にも、丁寧に答えました。

「先生の述べられた海軍の諸問題の原因を追究すると兵学校教育に突き当たるが、東京から遠い離れ島で純粋無雑な教育が行われたことの是非についてどう考えますか」

「私は江田島に兵学校があってよかったのではないかと思います。それは生徒がなお未成年の時代であり、基礎を養う年代であったからであります。社会勉強をする機会は兵学校卒業後いくらでもあるからであります。ただ、一流の先生を招へいするのに困難な場合があったのも事実です。

問題は兵学校の位置の問題より、その教育に当たる校長、教頭、教官の人選が極めて大切な要となります。勇士必ずしも教育者に適せず、石部金吉《いしべきんきち》また良き指導者とは限らない。良識あり、家庭においてよき父親となりうる教官を海兵に送ったら、戦前の陸軍幼年学校のような非常識な軍人が育つ心配はないと思っております」

高木の特別講義は昭和三〇年（一九五五）から昭和五〇年（一九七五）までの二一年間続けられました。

●海軍大将山梨勝之進の幹部学校特別講義

次に中山は、山梨勝之進元海軍大将に幹部学校の講義を依頼します。

山梨は海兵二五期、主に軍政畑を歩み、山本権兵衛の副官を務めた後、主力艦の保有率を交渉したワシントン軍縮会議に加藤友三郎首席全権委員の随行員として参加、また補助艦の保有比率等を交渉したロンドン軍縮会議では、財部彪海軍大臣がロンドンに出張する中で海軍次官を務め、国内で条約成立のために尽力しました。

海軍きっての良識派、そしてすばらしい人格の持ち主と称賛された山梨でしたが、ロンドン条約批准後の政争に巻き込まれた結果、前述の「大角人事」で予備役に編入され、海軍を去ります。

さぞかし無念であったかと思いますが、山梨はこう語ったといいます。

「いや、私はちっとも遺憾と思っていない。軍縮のような大問題は、犠牲なしには決まりません。誰か犠牲者がなければならん。自分がその犠牲になるつもりでやったのですから、私が海軍の要職から退けられ、今日の境遇になったことは、少しも怪しむべきではありません」

山梨は予備役編入後の六年間は千歳船橋《ちとせふなばし》で閑居《かんきょ》していました。その後昭和一四年（一九三九）に学習院長に就任し、当時の皇太子明仁親王《あきひとしんのう》殿下の教育に当たりますが、戦後は公職追放されます。しかし山梨はその後も仙台育英会「五城寮」舎監、戦争受刑者家族世話会理事、水交会初代会長等に就任し、受刑者の家族の世話や軍人恩給の復活等に尽力していました。

中山幹部学校長の講義の依頼を、山梨は承諾しました。

すると山梨は、「講話の準備のためには少なくとも三か月前に予定日を通知してほしい」と中山に依頼し、自身は資料収集等に取り組み、少しでも疑問点等があれば在京の関係外国公館に照会したり原書を調査したりして、万全の態勢で講義に臨みました。

こうして昭和三四年（一九五九）、山梨勝之進の海上自衛隊幹部学校の講義が始まりました。この時山梨はすでに八〇歳を超えていましたが、講話の実施中は終始起立して、一言一言はっきりと、原書を見ながら諄々《じゅんじゅん》と説明していたといいます。

山梨の講話は、自らが経験したワシントン・ロンドン軍縮会議を始め、米英戦争、チャーチルの功績、ネルソンとナイルの海戦、米海軍のファラガット提督、曽国藩《そうこくはん》、川中島合戦等、古今東西の名将の統率、各国の歴史、国民性、旧海軍の歴史等、多岐にわたるものでした。

高木惣吉は海軍のどこが悪かったかを赤裸々に語っていましたが、それとは対照的に山梨は歴史的事実を客観的に評価する姿勢を貫き、自分の反省を語ることはあっても、あからさまに海軍批判をすることはありませんでした。

日本の歴史の中では、海戦ではなく川中島の戦いを取り上げているのは少し意外でしたが、山梨は講義の中で次の通り述べています。

「孫子と呉子は皆さん知っての通り、孫呉とならび称せられ、支那の有名な兵法家ですが、これを頼山陽《らいさんよう》は『孫子と呉子は偉いが生まれた時代が異なっている、すなわち一緒の年代の人ではない。そして仮に一緒の年代であったとしても、両方ともいわゆる嘱託のような立場にあって、思うように自分の軍隊として動かすことのできる部隊は持っていなかった。ところが、この武田・上杉は同じ時代の人であり、部隊を自分の手に握っていて、思う存分それを動かすことができた人である。このような日本一の名将が二人同時代に生まれて、向かい合って思う存分やったということは、とてもあり得ない珍しいことだ』とこう言うんです。これは非常な卓見です」

山梨の講義は、豊富な経験、幅広い教養、卓越した知見に基づくものであり、年齢を感じさせない堂々とした態度であったといいます。

また、山梨は幹部学校の卒業式で、次の通り祝辞を述べています。

海上自衛隊幹部学校で講義をした山梨勝之進

「君たちは、創設で非常に苦労しているけれども、苦労しているのは君たちだけではないんだ。君らは、隆々とした日本海軍しか知らんだろうけれども、明治海軍を作り上げる時には、君らの今の苦労以上のことがあったのだ。先人は皆苦労してあれだけのものを作ってきたんだ。君らは負けずにしっかりしたいいものを作れ。頼みにするものは人だけだ。君たちだけなんだ」

戦後、新たに設置された海上自衛隊幹部学校は、高木や山梨の協力も得ながら、海上自衛隊の高等教育機関として発展していきました。それは明治初期の築地時代の海軍兵学寮や海軍大学校と同じく、敗戦と荒廃からの再興という未曽有の危機の中での「生みの苦しみ」であったことと思います。

山梨は、昭和四二年（一九六七）一二月一七日、逝去しました。享年九〇歳。その前年まで、山梨の幹部学校での講義は続けられました。

●歴代海軍兵学校長たちの最期

終戦時の総理大臣という大任を果たした鈴木貫太郎は、八月一五日に内閣総辞職をして首相を退任しました。その後は一時枢密院議長になり、新憲法草案の審査を議長として執り行った後、昭和二一年（一九四六）六月に政治家を引退して地元の関宿町に戻ります。関宿に戻ってからは時々上京することもあったものの、近隣の散歩を日課とする平穏な日々を送っていました。その後、首筋に腫物ができたことを契機に心身の衰弱が著しくなり、昭和二三年（一九四八）四月一七日、肝臓がんにより逝去しました。享年八一歳。

最後の海軍兵学校長栗田健男は、家族には海軍時代のことをほとんど語らず、またジャーナリストらの「謎の反転」に対する質問に対しても多くを語らないまま、昭和五二年（一九七七）一二月一九日に兵庫県西宮市で逝去しました。享年八八歳。

井上成美は、海軍解体後は横須賀市長井の自宅で困窮した生活を送っていました。太平洋戦争を防げなかった反省から上京することもなく、軍人恩給と自宅で開いた英会話教室で得た小遣い程度のお金しか収入はありませんでした。ところが井上が緊急入院することになったものの、入院費用も払えないほど苦しいという話を聞いて、海兵三七期の草鹿任一らが集まって協議し、井上が兵学校長時代の生徒たちに、クラス会を通じて自発的な寄付を募ることにしました。

しかし喜んで寄付する者もいれば、「困っているのは井上校長だけではない」と言って、疑問を呈する者も多かったのです。

井上が兵学校長だった時の生徒は七一期から七五期、総勢六五〇〇人もいました。井上は校長といっても、山下源太郎や鈴木貫太郎の時代とは違って、はるかに雲の上の存在だったのです。

それでも何とか寄付を集めて、それを井上に入院費用として渡しました。

これまで誰からの金銭も受け取らなかった井上でしたが、生徒たちが寄付してくれたという話を聞いて、大変感激して受け取ったといいます。

時は流れて昭和四〇年（一九六五）、井上は七七歳になっていました。

珊瑚海で戦った旧第四艦隊の幕僚、すなわち井上の元部下たちが、井上長官の喜寿祝いを企画することになり、その世話役である山上実という人が井上の自宅を訪ねました。しかし、井上は誘いをきっぱりと断ります。

「先の戦に私は責任を感じ、ここに隠棲した身なので、お祝いの会等やめてもらいたい。大体、東京には出ないことにしている。ご好意まことにありがたいけれど、自分のような世捨て人が今更羽田見物でもあるまいじゃないか」

井上は相変わらず頑固でした。しかし山上はあきらめずに色々な人に相談して、兵学校長時代の教官、生徒有志にも加わってもらうことにして、再び長井の自宅を訪れました。生徒が来るといえば、井上も折れるのではないかと読んだのです。

「お気持ちは十分承知しておりますが、今回はあなたの教え子たちが大勢出席する予定です。お目にかかれるのを皆楽しみにしているんです」

井上は、生徒という言葉を聞いて答えます。

「そうか、あの人たちが待ってくれているのか。それなら行かねばならない。一二年前の大病の時以来、大変な世話になってるんだ。こういうあれなら、今度はこちらから出かけて御礼を申し上げる番だ」

長井の自宅に籠って長く上京を拒んできた井上が、教え子たちに御礼を言うためについに上京することを決意しました。

「珊瑚会」と名付けられた井上の喜寿祝いは、番茶と羊羹だけの会でしたが、三時間話がはずみました。

その時、ある元生徒が井上に言いました。

「兵学校長の時、私は英語教育をやめさせない、軍事学より普通学を重視するという校長の方針がどうしても理解できませんでした。その意味がわかったのは戦後になってからで、大学へ再進学した時も世間へ出てからも、穴掘りと軍事教練ばかりやらされて来た人たちに比べれば、すべての学習がはるかに楽でした。深く感謝しております」

井上は満足そうに答えました。


「みんな立派な社会人に成長した。

私が江田島でやったことは間違ってなかった」

井上が緊急入院した時に、募金を払うことに躊躇《ちゅうちょ》していた元生徒たちも、その後は井上に対する見方を変えていました。それは、高木惣吉が戦後に執筆し、出版していた本の影響が大きかったと言えます。自分たちが、このような提督から薫陶を受けていたのかということを知り、それを誇りに思うようになったといいます。

井上の前の兵学校長で、井上の入院費用の募金集め等に尽力したクラスメートの草鹿任一は、昭和四七年（一九七二）八月二四日、脳寒栓による脳軟化症により逝去しました。享年八三歳。

草鹿の晩年の主治医を務めたのは、草鹿が校長だった頃の生徒であった高橋猛典（海兵七二期）という医師でした。戦後、東北大学医学部で学び外科医になった高橋は、勤めていた鎌倉の病院でかつての「任ちゃん」校長と、今度は医師と患者という立場で偶然にも再会し、その後草鹿が亡くなるまでの一七年間、主治医を務めました。

そして、井上の喜寿の祝賀会から一〇年後の昭和五〇年（一九七五）一二月一五日、井上成美は横須賀市長井の自宅で逝去しました。享年八六歳。

翌々日、横須賀市の勧明寺《かんみようじ》で井上の葬儀が執り行われました。供花供物は辞退し、ただ祭壇には昭和天皇からの祭祀料が飾ってあったといいます。葬儀委員長は海兵三七期会の幹事の中村一夫《なかむらかずお》元少将が務め、井上が校長だった頃に江田島の生徒であった七三期、七四期が中心となって葬儀の段取りを取り仕切ったといいます。

少し遅れて一人の男が現れました。

高木惣吉でした。

風邪で体調を崩していた高木でしたが、次のように語ったといいます。

「家の者にも止められたんだが、この葬儀にだけは出席しなければ、どうしても私の気がすまないので参りました。表に息子が車で待っています。具合が悪くなったら、途中で失礼するかもしれません」

井上との最後の対面を終えた高木は帰宅後に高熱を出し、すぐに入院すると肺炎と診断されました。その後は療養生活を送りながら執筆活動を続けましたが、昭和五四年（一九七九）七月二七日、茅ケ崎の自宅で息を引き取ります。享年八五歳。

一番長寿を全うしたのは、新見政一です。

現役時から海軍大学校の戦史教官を五年も務めた歴史通でしたが、戦後も第二次世界大戦の研究に励み、なんと八四歳の時に『第二次世界大戦戦争指導史』という本を書き上げます。出版されたのは昭和五九年（一九八四）、新見が九七歳の時でした。

この本は高松宮殿下に献上され、殿下は新見と対面し瞥見《べっけん》された後慰労され、「是非、皇太子殿下に献上するように」とのお言葉を賜ったと伝わります。その時の新見は念願がかなった満足感でいっぱいだったといいます。

そして新見も昭和三七年（一九六二）から一九年の長きにわたり、海上自衛隊幹部学校で第一次世界大戦及び第二次世界大戦の戦争指導について講義をしています。新見が七五歳から九三歳までのことでした。

平成五年（一九九三）四月二日、新見は天寿を全うし、永眠されました。享年百六歳。

葬儀告別式は中目黒の正覚《しょうかく》寺内の実相《じっそう》会館で、中村悌次《なかむらていじ》（海兵六七期）水交会会長を葬儀委員長とし、多くの旧海軍関係者、海上自衛隊関係者、そして新見が兵学校長だった時の六八期から七二期の多くの教え子たちが集まり、式は厳粛かつ盛大に執行されました。

そしてこの日までに、歴代の海軍兵学校長三八名はすべて鬼籍に入りました。

【歴代海軍兵学校長】

1	川村純義《すみよし》	明治三年一〇月二七日〜
2	中牟田倉之助	明治四年一一月三日〜
3	松村淳蔵	明治九年八月三一日〜
4	伊藤雋吉《としよし》	明治一〇年二月二〇日〜
5	松村淳蔵②	明治一〇年八月二三日〜
6	中牟田倉之助②	明治一〇年一〇月三一日〜
7	伊藤雋吉②	明治一一年一月一八日〜
8	仁礼《にれ》景範《かげのり》	明治一一年四月五日〜
9	本山漸吉《ぜんきち》	明治一三年一二月八日〜
10	伊藤雋吉③	明治一四年六月一七日〜
11	松村淳蔵③	明治一五年一〇月一二日〜
12	伊東祐麿《すけまろ》	明治一七年一月二一日〜
13	松村淳蔵④	明治一八年一二月二八日〜
14	有地《ありち》品之允《しなのじょう》	明治二〇年九月二八日〜

15 吉島辰寧《ときやす》 明治二二年四月一七日～
16 本山漸吉② 明治二三年九月二四日～
17 山崎景則《かげのり》 明治二五年七月一二日～
18 坪井航三 明治二五年一二月一二日～
19 柴山矢八《やはち》 明治二六年一二月二〇日
20 吉島辰寧② 明治二七年七月二一日～
21 日高壮之丞《そうのじょう》 明治二八年七月二五日～
22 河原要一 明治三二年一月一九日～
23 東郷正路《まさみち》 明治三五年五月二四日～
24 富岡定恭《さだやす》 明治三六年一二月二八日～
25 島村速雄 明治三九年一一月一九日～
26 吉松茂太郎《しげたろう》 明治四一年八月二八日～
27 山下源太郎 明治四三年一二月一日～
28 有馬良橘《りょうきつ》 大正三年三月二五日～
29 野間口兼雄 大正五年一二月一日～
30 鈴木貫太郎 大正七年一二月一日～

31 千坂《ちさか》智次郎《ちじろう》 大正九年一二月一日～

32 谷口尚真《なおみ》 大正一二年四月一日～

33 白根熊三 大正一四年九月八日～

34 鳥巣《とす》玉樹《たまき》 昭和二年四月一日～

35 永野修身《おさみ》 昭和三年一二月一〇日～

36 大湊《おおみなと》直太郎《なおたろう》 昭和五年六月一〇日～

37 松下元《はじめ》 昭和六年一二月一日～

38 及川古志郎 昭和八年一〇月三日～

39 出光《いでみつ》万兵衛《まんべえ》 昭和一〇年一一月一五日～

40 住山《すみやま》徳太郎《とくたろう》 昭和一二年一二月一日～

41 新見《にいみ》政一《まさいち》 昭和一四年一一月一五日～

42 草鹿任一《じんいち》 昭和一六年四月四日～

43 井上成美《しげよし》 昭和一七年一〇月二六日～

44 大川内《おおこうち》傳七《でんしち》 昭和一九年八月五日～

45 小松輝久《てるひさ》 昭和一九年一一月四日～

46 栗田健男《たけお》 昭和二〇年一月一五日～

参考引用文献

『実録　海軍兵学校』海軍兵学校連合クラス会　潮書房光人新社　2018年
『江田島海軍兵学校　世界最高の教育機関』徳川宗英　KADOKAWA　2015年
『今こそ知りたい江田島海軍兵学校　世界に通用する日本人を育てたエリート教育の原点』平間洋一、市来俊男　他　新人物往来社　2009年
『海軍兵学寮』沢鑑之丞　興亜日本社　1942年
『中牟田倉之助伝』中村孝也　中牟田武信　1919年
『海軍大学教育　戦略・戦術道場の功罪』実松譲　光人社　1993年
『海軍の父　山本権兵衛　日本を救った炯眼なる男の生涯』生出寿　光人社　1989年
『山本権兵衛　日本海軍を世界レベルに押し上げた男』高野澄　PHP文庫　2001年
『日本宰相列伝6　山本権兵衛』山本英輔　時事通信　1958年
『明治百年史業書　伯爵山本権兵衛傳　上』山本伯伝記編纂会編　原書房　1968年
『歴代海軍大将全覧』半藤一利、横山恵一、秦郁彦、戸高一成　中央公論新社　2005年
『海軍創設史　イギリス軍事顧問団の影』篠原宏　リブロポート　1986年
『現代名士学修法』大岳小峡　一星社　1910年
『陸士・海兵・防衛大の教育史論』鈴木健一、鈴木普慈夫　1997年
『秋山兄弟　好古と真之』瀧澤中　朝日新聞出版社　2009年
『秋山真之のすべて』生出寿　新人物往来社　2005年
『秋山真之』田中宏巳　吉川弘文館　2004年
『秋山真之　戦術論集』戸高一成　中央公論新社　2005年
『日本海海戦かく勝てり』半藤一利、戸高一成　PHP研究所　2004年
『元帥島村速雄伝』中川繁丑　1933年
『無敵海軍の父』東京新聞社編　東宝書店　1944年
『大将伝　第二　海軍篇』健軍精神普及会　1941年
『山屋他人：ある海軍大将の生涯』藤井茂　盛岡タイムス社　1994年
『人間としての山下源太郎大将』小田切政孝編　小田切政孝　1944年
『海軍大将山下源太郎伝』山下電機編纂委員会　1941年
『米沢海軍：その人脈と消長』工藤美知尋　芙蓉書房出版　2022年
『日本のいちばん長い日』半藤一利　文芸春秋　1995年
『鈴木貫太郎傳』鈴木貫太郎伝記編纂委員会、1960年
『鈴木貫太郎』小堀桂一郎、ミネルヴァ書房、2016年
『鈴木貫太郎自伝』鈴木貫太郎　小堀桂一郎校訂、中央公論新社、2013年
『東郷平八郎　元帥の晩年』佐藤国雄　朝日新聞社　1990年

『大人の見識』阿川弘之　2007年
『回想のネイビーブルー』海軍兵学校連合クラス会　元就出版社　2010年
『日本海軍の良識　提督新見政一～自伝と追想』提督新見政一刊行会　1995年
『提督　草鹿任一』草鹿提督伝記刊行会　1976年
『井上成美』井上成美伝記刊行会　1982年
『海軍大将　井上成美』工藤美知尋　潮書房光人新社　2018年
『井上成美』阿川弘之　新潮社　1994年
『(証言録) 海軍反省会１１』戸高一成　PHP研究所　2018年
『海軍と日本』池田清　中公新書　1981年
『五人の海軍大臣』吉田俊雄　光人社NF文庫　2018年
『昭和史講義　軍人篇』筒井清忠　筑摩書房　2018年
『海軍兵学校よもやま物語』生出寿　徳間文庫　1984年
『海軍少将　高木惣吉正伝　本土決戦を阻止した一軍人の壮絶なる生涯』平瀬努　光人社　2008年
『海軍良識派の支柱　山梨勝之進　忘れられた提督の生涯』工藤美知尋　芙蓉書房出版　2013年
『明治・大正・昭和政界秘史―古風庵回顧録』若槻禮次郎　講談社　1983年
『鈴木海軍兵学校長訓示集　大正7年12月』　防衛研究所蔵
『谷口尚真海軍兵学校長訓示集付聖勅集　自大正12年4月至大正14年9月』谷口尚真　防衛研究所蔵
『海軍兵学校長訓示集』　防衛研究所蔵
『海軍記念日に際し校長訓示　昭和四年五月二十七日』海軍兵学校　防衛研究所蔵
『海軍兵学校教育参考館図録』図書海軍兵学校参考館　1934年
『海軍制度沿革　巻2』海軍大臣官房　1941年

参考引用論文

「日清・日露戦間期における『海軍大学の父』坂本俊篤の教育改革」山口昌也　『國學院雑誌　The Journal of Kokugakuin University』第122巻第3号　2021年
「軍隊による災害救援に関する研究 －関東大震災を中心として－」村上和彦　『戦史研究年報』防衛省防衛研究所戦史研究センター編　2013年
「海軍兵学校教程へのドルトン・プランの導入と放棄について―永野修身による『新学習法』の評価と影響の考察―」高田治彦　『防衛研究所紀要』 2016年
「海軍兵学校教育と五省」佐近允尚敏　『季刊現代警察　The modern Japanese Police quarterly 26(2)』　2000年
「我が海軍の主張」松下元　海軍雑誌『海と空』1935年三月号　海と空社　1935年

2023年4月26日～6月30日に行われたクラウドファンディングの「お名前掲載コース」にご協力いただいた皆様

坂木良登
瀧澤　中
北田祥喜オフィシャル事務所
中村由樹子
関東防衛懇話会
有限会社 星の降る森　代表取締役　齋藤佳江
福田達夫
上田　肇
立命館アジア太平洋大学アジア太平洋学部長　佐藤洋一郎
山本好人
伊藤正樹
真殿修治
鹿児島市関東交友会　奥田武彦
（株）東京03製作
紫水会有志
大森　仁
遠藤裕明
BAR GOYA
末永力男
佐藤　正（筑波大学附属高校93回卒業）
森屋聖司
（株）東栄　守田日出夫
（医）八戸泌尿器科医院

上記の皆様を含め、全部で222名様から事前にお申込みをいただきました。ご協力、ありがとうございました。

（お申し込み順、敬称略）

真殿知彦（まどの・ともひこ）

1966年千葉県松戸市生まれ。1985年に筑波大学附属高校を卒業。1989年に防衛大学校を卒業後、海上自衛官に任官。2002年に筑波大学大学院地域研究研究科修士課程を修了。その後、アジア太平洋安全保障研究センター（ハワイ）、NATO国防大学（ローマ）の課程修了。

海幕防衛課長、第二航空群司令、海上自衛隊幹部候補生学校長、統幕防衛計画部副部長、横須賀地方総監部幕僚長、海上自衛隊幹部学校長等を経て、現在海上幕僚副長。

スタッフ
カバーデザイン　クリエイティブコンセプト
編集・広報　鈴木しほり
　　　　　　小川潤二

～激動の時代に信念を貫いた～
海軍兵学校長の言葉

2023年　7月28日　　第1版第1刷発行
2023年　10月17日　　第1版第2刷発行

著者　真殿知彦

発行者　髙橋考
発行所　三和書籍

〒112-0013　東京都文京区音羽2-2-2
TEL 03-5395-4630　FAX 03-5395-4632
sanwa@sanwa-co.com
http://www.sanwa-co.com

印刷所／製本　中央精版印刷株式会社

ISBN978-4-86251-508-7 C0021